Ἃ γὰρ δεῖ μαθόντας ποιεῖν, ταῦτα ποιοῦντες μανθάνομεν.
Ciò che dobbiamo imparare a fare, lo impariamo facendolo.
Aristotele, *Etica Nicomachea*

Susi Dulli, Sara Furini, Edmondo Peron

Data mining

Metodi e strategie

 Springer

Susi Dulli
Dipartimento di Matematica Pura ed Applicata
Università di Padova, Padova
dulli@math.unipd.it

Sara Furini
Miriade
Noventa Padovana (PD)
s.furini@miriade.it

Edmondo Peron
Miriade
Noventa Padovana (PD)
e.peron@miriade.it

In copertina: "Il Mondo" (2005) di Filippo Maconi. 120×100. Particolare

ISBN 978-88-470-1162-5   Springer Milan Berlin Heidelberg New York
e-ISBN 978-88-470-1163-2   Springer Milan Berlin Heidelberg New York

Springer-Verlag fa parte di Springer Science+Business Media
springer.com
© Springer-Verlag Italia, Milano 2009

9   8   7   6   5   4   3   2   1

Impianti: PTP-Berlin, Protago TeX-Production GmbH, Germany (www.ptp-berlin.eu)
Progetto grafico della copertina: Francesca Tonon, Milano
Stampa: Signum Srl, Bollate (MI)
Stampato in Italia

Springer-Verlag Italia srl – Via Decembrio 28 –20137 Milano

Prefazione

In passato lo sviluppo dell'informatica e della telematica ha dato risalto alla tecnologia e non all'applicazione della tecnologia ai processi che appartengono ai molteplici aspetti della vita umana, quali i processi produttivi, amministrativi e di marketing. Oggi, la complessità dei fenomeni (processi) presi in esame, fa sì che ci sia una tendenza a considerare importante l'aspetto applicativo e questo sia per il gran numero di indicatori presenti che per la massa di informazioni disponibili, oltre al fatto che le variabili che si trattano sono sì numerose ma soprattutto legate fra loro. Quest'ultimo un aspetto comune ed intrinseco ai fenomeni reali, e al quale ci si riferisce col termine di multidimensionalità, e che sta nella natura stessa della realtà. L'emergere di questa tendenza a focalizzarsi giustamente sull'applicazione della tecnologia più che sulla tecnologia stessa, è avvalorato dagli sviluppi recenti della tecnologia dell'informazione, che con la messa a disposizione di strumenti hardware e software sempre più potenti e performanti, permette alle imprese di raccogliere ed organizzare grandi quantità di dati al fine di ottenere informazioni utili a supporto delle decisioni. A ciò si aggiunge per le aziende, l'alto livello di competizione, costantemente messo a rischio dalla crescente globalizzazione oggi presente sul mercato, che obbliga chi è impegnato in attività direzionali ad una sempre maggior attenzione all'utilizzo di strumenti informatici e a metodi di analisi statistiche che possono influenzare decisioni determinanti al raggiungimento di risultati strategici per l'impresa. Le metodologie di analisi di grandi moli di dati al fine di individuare tendenze nei comportamenti dei clienti, note come sistemi di data mining, costituiscono oggi un approccio consolidato che ha trovato la sua più significativa affermazione grazie a strumenti software di mercato ad alte prestazioni ed affidabilità.

Essendo il data mining un argomento molto vasto, lo scopo di questo volume è quello di trasmettere le idee presentando gli argomenti principali, privilegiando gli aspetti procedurali e di calcolo. Quando abbiamo ritenuto opportuno, abbiamo reso l'esposizione più concreta introducendo pseudo codice ed esempi. Il libro è rivolto a un corso universitario ma può essere usato anche per chi vuole utilizzare questi concetti nella realtà aziendale. Si partirà con la definizione di KDD distinta da quella di data mining e con alcuni termini essenziali e usati in letteratura.

Verranno accennati i principali passi necessari per la scoperta di conoscenza e sarà posto l'accenno più alla parte algoritmica di alcuni dei principali strumenti di data mining. Si vedranno, spiegati in termini algoritmici, il clustering, gli alberi decisionali, le regole di associazione, le serie temporali, i metodi di classificazione e le reti neurali. Nessuna meraviglia, quindi, che il termine data mining diventi di uso familiare in molte organizzazioni aziendali, anche se resta il fatto che il suo impiego presuppone la disponibilità di conoscenze e strumenti specifici che ne condizionano ovviamente il costo. D'altro canto il profitto che ne consegue, come testimoniano molti casi aziendali, giustifica abbondantemente la scelta di intraprendere questa attività.

Gli autori ringraziano i collaboratori del mondo delle imprese con i quali hanno condiviso progetti di stage per gli studenti in tematiche di Business Intelligence. Gli autori desiderano inoltre ringraziare la casa editrice Springer Italia per avere accettato la proposta di realizzazione di questo testo; in particolare ringraziano la dottoressa Francesca Bonadei per la preziosa collaborazione nella redazione e revisione dell'opera. Siamo grati infine a quanti vorranno segnalare errori e suggerimenti presenti in questa versione in modo da permettere la pubblicazione di nuove edizioni aggiornate e corrette.

Padova, gennaio 2009

Susi Dulli
Sara Furini
Edmondo Peron

Indice

1

Introduzione

La disponibilità di sempre maggiori quantità di spazio disco a basso costo ha reso possibile e conveniente negli ultimi anni l'accumulo di grandi moli di dati in organizzazioni sia scientifiche che commerciali. A differenza del paradigma scientifico tradizionale, nel quale i dati vengono raccolti con la finalità di verificare o refutare l'ipotesi oggetto di studio, ora sono i dati stessi a costituire il centro dell'interesse. La generazione delle ipotesi nasce da attività di analisi dei dati, tramite delle tecniche sviluppate appositamente. Gli sforzi compiuti per la creazione di queste tecniche hanno portato alla nascita di una nuova area di ricerca, nota come *data mining* e *knowledge discovery*.

1.1 Definizione di data mining e KDD

Le informazioni a disposizione creano in ambito aziendale la necessità di essere investigate. Le strategie formulate a livello aziendale hanno bisogno di essere convalidate sul piano quantitativo, basandosi sull'utilizzo di metodi o algoritmi. La conoscenza però non è una risorsa facile da estrarre, in quanto deriva dall'applicazione di un processo che coinvolge molti settori (IT, marketing, finanza, risk management) che devono coesistere integrati.

Con il termine KDD (Knowlegde Discovery in Database) si intende tutto il processo di estrazione di conoscenza applicato ai database o anche in generale a delle informazioni o a dati non strutturati; in sintesi si può meglio dire che è il processo che estrae conoscenza da alcuni pattern generati dai dati.

Come sono legati allora i metodi alle strategie, e queste alla conoscenza? Per capire meglio il contesto di applicazione dobbiamo capire meglio alcuni concetti che elenchiamo qui di seguito. È utile a questo punto presentare una distinzione tra i concetti di dati, pattern e processo (definizioni riprese da [95]).

- *Dati* sono un insieme di registrazioni, nate da fatti che indichiamo con F (ad esempio l'acquisto di prodotto per il supermercato provoca la registrazione di un fatto[1]).

---

[1] Termine usato tipicamente nell'analisi OLAP o Warehousing o Business Intelligence usato per indicare in maniera generica tutti gli elementi che risultano essere legati da

Dulli S., Furini S., Peron E.: Data mining. © Springer-Verlag Italia 2009, Milano

- *Pattern* è una espressione E in un linguaggio L che descrive i fatti di un subset F_E di F. E è un pattern quando identifica in un'espressione tutti i fatti di F_E senza enumerarli tutti. Per esempio se abbiamo capito che esiste una relazione E fra l'ammontare di un debito e la sua estinzione, allora E rappresenta il pattern trovato.

- *Processo* è comunemente sottointeso ai processi di scoperta (KDD) come l'insieme di passi che includono la preparazione dei dati, la ricerca di pattern, il processo di scoperta, valutazione e la successiva iterazione del modello. Seguendo la definizione di Fayyad, Shapiro, Uthurusamy [96] l'aspetto inferenziale del processo di KDD è caratterizzato dai pattern in termini di validità, novità, utilità, comprensibilità.[2]

- *Validità* è una misura di bontà creata per pesare la scoperta di nuovi pattern. I pattern scoperti devono essere validi su nuovi dati con un certo grado di certezza. Viene identificata da una funzione c che restituisce una misura $c = C(E,F)$ mappando uno spazio delle misure M_C di L.

- *Novità*. La novità viene misurata rispetto ai cambiamenti sui dati per esempio confrontando il valore corrente con il precedente o con quello atteso; è una misura valutata rispetto alle variazioni dei dati. Viene identificata con una misura n restituita da una funzione $N(E,F)$.

- *Utilità*. Ad ogni pattern vengono associate delle misure da delle funzioni di utilità. Viene identificato da una misura u restituita da una funzione $U(E,F)$.

- *Comprensibilità*. Tra le finalità del data mining c'è il desiderio che i pattern scoperti portino ad una migliore comprensione dei dati chi li hanno generati. Mentre questo può essere difficile da descrivere esattamente, si può utilizzare la semplicità come sostituto. Si assume quindi che questo sia misurato da una funzione S che che mappa i pattern E in L in uno spazio di misura M_S, da cui $s = S(E,F)$.

Infine dopo aver distinto i pattern dai dati e aver capito quali sono le misure sui pattern, e come vengono perciò classificate, diamo la definizione in termini "matematici" di conoscenza.

Definizione 1.1 (Conoscenza). *Un pattern $E \in L$ è chiamata conoscenza se per una specifica soglia $i \in M_I$*

$$I(E,F,C,N,U,S) > i. \tag{1.1}$$

Questa definizione non può essere applicata in maniera assolutistica, ma serve più in generale per tentare di definire in maniera informatica degli algoritmi che permettano di estrarre conoscenza individuando delle funzioni di soglia scelte dall'utente. L'importanza della definizione di funzioni e di valori di soglia è per determinare i passi necessari per estrarre "conoscenza" da un sottoinsieme di dati.

---

un avvenimento (ad esempio vendita).

[2] Secondo la definizione di Fayyad, Shapiro, Smyth e Uthurusamy KDD è un "nontrivial process of identifying valid, novel, potentially useful, and ultimately understandable patterns in data".

Come si nota il pattern è un'insieme di regole locali che descrivono un subset di un database. Possiamo spiegarlo meglio dicendo che fissati $c \in M_c, s \in M_s, u \in M_u$ il pattern E è chiamato conoscenza, se e solo se

$$C(E, F) > c, \quad S(E, F) > s, \quad U(S, F) > u. \tag{1.2}$$

Possiamo adesso introdurre il concetto di data mining (per maggiori dettagli si veda [96]).

Definizione 1.2 (Data mining). *Il data mining è un passo nel processo KDD che fa uso di algoritmi per scoprire ed enumerare la famiglia J dei pattern E_J su F.*

In altre parole con il nome data mining si intende l'applicazione di una o più tecniche che consentono l'esplorazione di grandi quantità di dati individuando i pattern più significativi[3] (questa definizione è largamente accettata da i maggiori studiosi nel campo). Infine possiamo meglio esplicitare la definizione del processo di KDD come il processo che usa i metodi (algoritmi) di data mining per estrarre e identificare conoscenza dai pattern, in accordo con le misure e le soglie usate sui fatti F.

1.2 Fasi dell'attività di KDD e data mining

Per identificare i pattern sono necessarie tre condizioni:

1. il database deve essere organizzato in maniera tale che ciascun dato o insieme di dati sia integrato con tutto il resto dell'informazione e non solo con una parte di essa;
2. i dati così integrati devono essere analizzati per il recupero dell'informazione;
3. l'informazione recuperata deve essere presentata in modo da rendere il più veloce possibile la sua comprensione e il suo utilizzo.

Per soddisfare tali condizioni, un sistema di data mining (chiamato data mining system, DMS) ha bisogno di lavorare su una banca dati di tipo data warehouse che organizza le informazioni eliminando le ridonandanze ed eventuali inconsistenze e memorizzandone solo le componenti significative in modo da facilitare l'analisi successiva. Inoltre un DMS deve essere in grado di scoprire automaticamente informazioni nascoste nei dati: questi sistemi si chiamano discovery-driven cioè orientati alla scoperta e sono progettati con l'obiettivo di essere usati per migliorare la conoscenza. Possiamo formalmente elencare il processo di KDD in questi passi (come rappresentato nella Figura 1.1):

- *selezione*: estrazione di parte dei dati secondo alcuni criteri, i quali dipendono dall'obiettivo preposto all'analisi. Facendo riferimento alla metodologia statistica, si usa il termine *campionamento* dei dati;

---

[3] "data mining is the exploration and analysis, by automatic and semiautomatic means, of a large quantities of data in order to discover meaningful patterns and rules"[29]

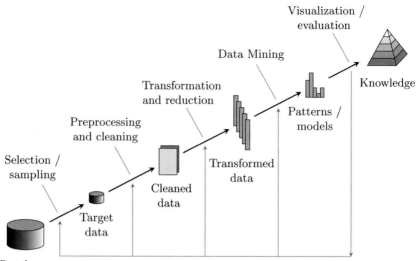

Figura 1.1. Processo di estrazione della conoscenza (KDD) [96]

- *pre-elaborazione*: "pulizia"dei dati da certe informazioni ritenute inutili e che possono rallentare le future interrogazioni. In questa fase, inoltre, i dati possono essere trasformati per evitare eventuali inconsistenze dovute al fatto che dati simili possono provenire da sorgenti diverse e quindi con metadati leggermente diversi (ad esempio in un database il sesso di una persona può essere salvato come 'm' o 'f' ed in un altro come 0 o 1);
- *trasformazione*: i dati non sono semplicemente trasferiti da un archivio ad uno nuovo, ma sono trasformati in modo tale che sia possibile anche aggiungere informazione a questi, come per esempio informazioni demografiche comunemente usate nella ricerca di mercato. Quindi i dati vengono resi "usabili e navigabili";
- *data mining*: questo stadio si occupa di estrarre dei modelli dai dati. Un modello può essere definito come segue: dato un insieme di fatti (i dati) F, un linguaggio L ed alcune misure di certezza C, un modello è una dichiarazione S nel linguaggio L che descrive le relazioni che esistono tra i dati di un sottoinsieme G di F con una certezza c tale che S sia più semplice in qualche modo della enumerazione dei fatti contenuti in G;
- *interpretazione e valutazione*: i modelli identificati dal sistema vengono interpretati cosicché la conoscenza che se ne acquisisce può essere di supporto alle decisioni, quali ad esempio la previsione, la classificazione di elementi, il riassunto dei contenuti di un database o la spiegazione dei fenomeni osservati.

Sia la fase di pre-elaborazione che la fase di trasformazione si avvalgono di tecniche e strumenti software ai quali si fa riferimento con il termine *processo di ETL*.

Focalizzando sui risultati, il processo di data mining si può suddividere essenzialmente in due fasi.

1. *Esplorazione dei dati.* Questo passo precede la scoperta di un modello valido. Comporta e necessita di una visualizzazione e di una esplorazione controllata ed il suo scopo è dare all'utente una prima visione per evidenziare errori nella preparazione e nell'estrazione di dati.
2. *Generazione di pattern.* Questo passo usa la regola di scoperta (automatica o interattiva) ed anche algoritmi di scoperta di associazioni per generare modelli. Questo passo coinvolge anche la convalida e l'interpretazione dei modelli scoperti

1.3 Tecniche di data mining

C'è molta confusione fra i potenziali utenti del data mining riguardo a quello che devono fare le tecnologie di data mining. Questa confusione è stata insinuata dai venditori di tecnologie complementari, che hanno posizionato i loro tools come data mining tools. Così noi abbiano molti venditori di tools di query e reporting e OLAP (On-Line Analytical Processing) che affermano che i loro prodotti possono essere usati per il data mining. Se è vero che è possibile scoprire utili pattern con tali tools, resta un punto di domanda relativamente a chi sta facendo questa scoperta: l'utente o il tools? Per esempio i tools sopra citati interrogano dati secondo pattern (o query-reporting) definiti dall'utente. Questo è un metodo di scoperta manuale e guidato nel senso che se l'utente non conosce un pattern non lo troverà mai. Una situazione lievemente migliore si incontra con i tools OLAP che possono essere definiti *orientati alla visualizzazione* visto che assistono l'utente nella scoperta di pattern disponendo i dati in maniera multidimensionale. I tools che possono essere realmente definiti "data mining tools" sono quelli che supportano la scoperta automatica dei pattern. C'è una differenza fra data mining e data modelling. Data mining è scoprire patterns e relazioni comprensibili (alberi, regole o associazioni) nei dati. Data modelling è la scoperta di un modello che definisca i dati, sia esso comprensibile (alberi o regole) o una scatola nera (reti neurali). Da questa osservazione restringiamo il data mining alla scoperta di associazioni o cluster nei dati.

Si possono distinguere due metodi che guidano nella creazione di applicazioni software per il data mining: quello di verifica e quello di scoperta.

• *Metodo di verifica.* Il metodo di verifica prende dall'utente un'ipotesi e ne verifica la validità nei dati. L'enfasi è posta sull'utente che genera le ipotesi. Il problema di questo metodo è il fatto che nessuna nuova informazione viene creata, piuttosto tutte le interrogazioni daranno come risultato dei record che confermano o negano le ipotesi poste. Il processo di ricerca è iterativo: perciò l'output viene via via revisionato con un nuovo insieme di interrogazioni o ipotesi che raffinano la ricerca di un modello ottimo. Al riguardo esiste nei fondamenti della statistica un metodo nato attorno il 1970 e creato da John Tukey

[146] che ha rafforzato l'idea o il concetto di esplorazione "grafica" di analisi sui dati (comunemente conosciuta con il termine Exploratory Data Analysis (EDA) legato alla ricerca di un metodo di verifica).

- *Metodo di scoperta.* Qui l'enfasi è posta sul sistema che in maniera automatica scopre importanti informazioni nascoste nei dati. I dati vengono passati al setaccio alla ricerca di similitudini, tendenze e generalizzazioni senza l'intervento o la guida dell'utente. Il data mining mira a rivelare molti fatti che riguardano i dati nel tempo più breve possibile.

1.4 Criteri per scegliere gli strumenti per il data mining

Gli avanzamenti tecnologici recenti hanno reso possibile l'impiego delle tecniche di cui abbiamo parlato, grazie alla disponibilità sul mercato di strumenti software ad hoc, ad alte prestazioni e affidabilità. Come abbiamo visto, la conoscenza del business, da un lato, l'estrazione delle regole e il loro inserimento nelle procedure gestionali dall'altro, permettono di passare dalla fase di analisi al rilascio in produzione di un motore decisionale; in un contesto di questo tipo è ovvio che disporre di uno strumento altamente performante e ricco di tecniche costituisce l'elemento caratterizzante del data mining. L'implementazione di programmi per l'analisi multivariata e per il data mining ha generato una classe di software che può essere utilizzato su gran parte degli elaboratori di grosse dimensioni come pure nelle versioni per personal computer, sia in versioni batch che interattive. Sono in genere software ben documentati e di facile utilizzo, grazie alla semplicità delle interfacce grafiche che possono essere comprese dai "minatori", siano essi esperti statistici, analisti aziendali o dirigenti.

Nello specifico la scelta di uno strumento commerciale dovrebbe tener conto di alcune caratteristiche di utilizzo:

- *molteplicità di tecniche*: il software deve mettere a disposizione una molteplicità di tecniche ad hoc (cluster, alberi decisionali, reti neurali etc.) e non una sola, in modo che l'analista possa valutare tutte le esigenze possibili;
- *confronto*: deve essere possibile confrontare modelli e percorsi di analisi, utilizzando criteri e misure coerenti;
- *generalizzazione*: i modelli emersi dall'analisi e la validazionee dei risultati devono poter garantire la generalizzazione del modello stimato;
- *completezza*: il software deve comprendere tutti i passi di un processo di data mining, a cominciare dal campionamento dati per passare a sofisticate analisi fino alla distribuzione delle informazioni in output;
- *rapidità nell'applicazione*: deve essere basato su di un ambiente multipiattaforma con architettura client/server che implementi in modo rapido regole e percorsi di analisi;
- *ambiente di produzione*: deve avere la capacità di interfacciarsi con altri software aziendali (data warehouse, portali, ecc.) in modo da permettere la condivisione della *vision* e dei risultati.

1.5 Applicazioni delle tecniche

Tenendo conto dei parametri sopra riportati e delle prestazioni dei prodotti commerciali, vengono pubblicate ogni anno delle analisi qualitative che aiutano a identificare i prodotti più performanti [114].

Ci sono varie applicazioni del data mining in ambito aziendale, dove ogni contesto più efficacemente trae vantaggio da una tecnica (o un insieme di tecniche) piuttosto che da un'altra. In tal modo si sono venuti ad identificare alcuni ambiti applicativi, che elenchiamo di seguito e ai quali ci si riferisce con una particolare terminologia identificativa del problema.

- *Scoring system (predictive modelling)*: è un approccio di analisi incentrato sull'assegnazione ai singoli clienti (prospect) della probabilità di adesione ad una campagna commerciale. La finalità è quella di classificare i clienti o gli eventuali prospect in modo tale da attuare azioni di marketing diversificate a seconda dei target individuati. L'obiettivo è quello di costruire un modello predittivo in modo da individuare una relazione tra una serie di variabili comportamentali e una variabile obiettivo che rappresenta l'oggetto di indagine. Il modello dà come risultato un punteggio (score) che indica la probabilità di risposta positiva alla campagna (il cliente aderisce o non aderisce alla campagna promozionale).

- *Credit scoring*: è un particolare caso di scoring system che valuta il cliente sulla base di variabili che meglio esprimono il comportamento di pagamento. Viene calcolato lo score (valore numerico) che rappresenta la misura della sua dignità di credito. Da ciò si può decidere se concedere o meno un prestito o un fido, in base alla classe di rischio cui appartiene il richiedente.

- *Segmentazione della clientela (customer profiling)*: è un'applicazione di tecniche di clustering atte a individuare gruppi omogenei calcolati secondo variabili comportamentali o socio-demografiche. L'individuazione delle diverse tipologie permette di effettuare campagne di marketing mirate, e di customer care. Si può determinare il valore presente e futuro del cliente (assegnazione ad una fascia di redditività) al fine di gestire l'allocazione dei canali di customer service, la finalizzazione di schemi di incentivi e sconti, la priorità dei contatti di vendita, le modalità di gestione di ritardi nei pagamenti.

- *Market basket analysis (affinity analysis)*: è l'applicazione di tecniche di associazioni a dati di vendita per individuare quali prodotti vengono acquistati insieme. Utile per la disposizione dei prodotti sugli scaffali per invogliarne la vendita, ma anche per rendere più efficaci le azioni di marketing e merchandising (cross-selling, up-selling, scelta delle modalità espositive dei prodotti, pianificazione delle campagne promozionali, schedulazione degli approvvigionamenti di magazzino, ecc.).

- *Rilevazione di frodi (fraud detection)*: è la creazione di profili finalizzati alla valutazione della propensione alla frode/morosità da parte di nuovi clienti in fase di sottoscrizione di contratti/transazioni. Estrazione di pattern di frode ricorrenti. Identificazione clienti a rischio per la concessione di crediti/mutui.Una società che gestisce carte di credito può rilevare quali transazioni d'acquisto possono essere state effettuate con carte rubate o falsificate e decidere di bloccare quelle carte.

- *Liquidazione dei sinistri*: un'assicurazione può essere interessata ad analizzare i sinistri denunciati per decidere quali sono i fattori che possono ridurre il tempo necessario per liquidare un sinistro. Consiste nell'individuazione di dati, comportamenti, eventi anomali rispetto alla norma (valori attesi), finalizzata alla riduzione di perdite dovute a comportamenti non omogenei, procedure non ottimizzate, processi non condivisi, richieste di rimborso eccessive, errori nelle procedure applicative.

- *Analisi degli abbandoni (churn analysis)*: identificare i clienti a rischio di abbandono permette alle funzioni di marketing e customer care di progettare azioni di fidelizzazione mirate (campagne promozionali, azioni pubblicitarie), di supportare il processo di definizione di nuovi prodotti/servizi e valutare correttamente il valore del cliente.

- *Text mining*: è l'applicazione di tecniche di data mining a dati documentali, che risiedono su file di testo, quali articoli, verbali, brevetti, cartelle cliniche, relazioni, questionari, e-mail, forum di discussione, call centre, reclami. Frequenti le applicazioni di clustering al fine di individuare gruppi omogenei di documenti in termini di argomento trattato; consente di accedere più velocemente all'argomento di interesse e di individuarne i legami con altri argomenti. Alcune tecniche possono essere applicate anche al web dando luogo ad applicazioni cosidette di Web Mining, quali:
  - *click-stream analysis*: è l'analisi dei comportamenti di visita al sito (click) per capire quali pagine determinano l'acquisto elettronico di certi prodotti. Sono tecniche di supporto alla progettazione delle campagne pubblicitarie sul web, al fine di abbassarne i costi e aumentarne i ritorni. Identificazione dei clienti target per ciascuna tipologia di banner pubblicitario. Stima della risposta alla campagna pubblicitaria (analisi del click-through e del tasso di conversione browsers/buyers);
  - *dynamic contents targeting*: è la presentazione dinamica dei contenuti più adatti a ciascun visitatore del sito/portale, sulla base del suo profilo (statico e dinamico-comportamentale).

1.6 Organizzazione del testo

La prima parte di questo libro costituisce una introduzione al data mining assumendo come punto di vista le informazioni dalle quali esso parte. In realtà il data mining non è un algoritmo quanto piuttosto un processo fondato nella ricerca di pattern validi, nuovi, utili e comprensibili. Queste definizioni inserite nel primo capitolo cercano di collocare il data mining come un processo non identificandolo perciò in una tecnica precisa (per anni infatti questa disciplina restava collocata solo in ambito statistico ora è allargata su ogni ambito). Il libro sarà accompagnato da tre simboli come pilastri, che saranno inseriti all'inizio di ogni capitolo, che evidenziano su quale fase di questo processo si sta focalizzando la trattazione:

1. esplorazione;
2. modellazione;
3. valutazione.

La fase di esplorazione è rappresentata dai dati su cui poggia il data mining: senza di essi il data mining non sarebbe possibile e potrebbe contare solamente su intuizioni più o meno azzeccate. La forza del data mining sta nel far leva sui dati ricavati durante un'attività di business al fine di prendere decisioni più informate. Il data mining ha il pregio di ridurre la complessità della realtà in una semplice tabella. Perché gli algoritmi funzionino in modo ottimale, è necessario che tutti i campi siano compilati e che i valori siano sensati. Il processo di raccolta di tutte le varie fonti dati e di estrazione delle informazioni che davvero interessano, rappresenta la sfida più impegnativa. Nel capitolo vedremo come preparare i dati per la ricerca e ci occuperemo in dettaglio dei problemi più importanti legati alla trasformazione dei dati, accompagnando lo studio dei dati sulle distribuzioni univariate e bivariate per descriverne la distribuzione. Nel processo di costruzione del modelllo si deve riservare una parte dei dati alla convalida e una alla verifica. Questo processo viene utilizzato durante la fase di campionamento come pre-elaborazione dei dati.

La fase di modellazione richiede una serie di competenze di modellazione per costruire modelli previsionali. Prima di tutto occorre conoscere in maniera approfondita le diverse tecniche e i diversi ambiti su cui applicarle. Il libro pone l'accento proprio su questa fase, soffermandosi ad analizzarne l'aspetto ingegneristico computazionale senza trascurare il contesto della metodologia statistica. La maturità raggiunta dalla disciplina permette una visione interdisciplinare del data mining che si può descrivere come l'intersezione tra sistemi basati sulla conoscenza, sistemi di autoapprendimento, statistica, visualizzazione, teoria delle basi di dati. Il data mining, può essere descrittivo o prescrittivo, in base all'obiettivo dell'analisi. Nel caso sia prescrittivo l'obiettivo principale è l'automazione di un processo decisionale e di norma i risultati vengono utilizzati immediatamente. Più spesso è descrittivo e il suo obiettivo è di approfondire la conoscenza su ciò che avviene all'interno dei dati. Bisogna avere conoscenze sulla tipologia di algoritmi utilizzati e il tipo di variabile in input ed in output che bisogna inserire. Le tecniche presentate sono quelle più utilizzate nei software commerciali in uso e anche tecniche utilizzate in una grande varietà di ambiti applicativi. I dettagli specifici della fase di training, ossia la fase dove il modello viene testato, dipendono dall'algoritmo prescelto e dallo strumento utilizzato.

Infine la fase di valutazione è necessaria per mettere a confronto i risultati di alcuni modelli presi a confronto. Di solito questi confronti si fanno su problematiche di tipo supervisionato; problematiche cioè dove si conoscono i risultati di un'applicazione. Sono presentati i grafici lift le curve ROC e le matrici di confusione per confrontare i risultati attesi con quelli ottenuti. Nei modelli previsionali i risultati effettivi in genere sono peggiori delle previsioni per questo poi è necessario rimettere mano alla modellazione per poter avere un certo tipo di risposta.

Potremmo concludere sottolineando che il data mining non si confina ad una sola attività e che non esistono scorciatoie; il buon esito è legato necessariamente ai tre macro processi di esplorazione, modellazione e valutazione. Anche se gli strumenti a disposizione si sono evoluti i buoni i risultati non dipendono esclusivamente dalla tecnica quanto da un'elevata competenza e conoscenza del contesto applicativo. La vera sfida è quella di riuscire a gestire l'interdipendenza tecnica conservando l'importanza della conoscenza della problematica di business.

1.7 Esercizi di riepilogo

1.1. Si risponda brevemente alle seguenti domande.

1. Qual è la differenza fra modello e pattern?
2. Quali sono le fasi del processo KDD?
3. Qual è la differenza fra descrizione di un modello e un modello predittivo?

1.2. Il modello di Fayad e Shapiro a che cosa si riferisce? Descriverlo brevemente.

1.3. Si supponga un'azienda della G.d.O. (grande distribuzione organizzata) che voglia applicare un modello per profilare la clientela. Si descrivano sinteticamente i passi del processo, focalizzando l'approccio del data mining.

1.4. Cos'è il data mining:

1. un processo di scoperta di nuova conoscenza;
2. un algoritmo di scoperta di nuova conoscenza;
3. un metodo di scoperta di nuova conoscenza.

1.5. Il modello di Fayadd-Shapiro è:

1. è un modello che tiene conto dell'evoluzione dell'azienda in termini di dimensioni parco tecnologico;
2. è un modello di sistema a loop chiuso;
3. è un modello di sistema a loop aperto;
4. è un modello che rappresenta la piramide aziendale.

1.6. Il data mining si può applicare solo a determinare ambiti:

1. solo su dati quantitativi numerici;
2. solo su dati testuali;
3. entrambi (testuali e numerici);
4. entrambi separatamente (testuali e numerici).

1.7. Cos'è un modello di data mining?

1. È un modello che associa ad y uno dei $\{G1, G2, \ldots Gn\}$ gruppi;
2. l'individuazione di una relazione che in qualche modo spieghi come alcune variabili si associno ad altre;
3. è una funzione lineare che corregge i dati.

1.8. Quali sono i parametri da considerare nel valutare un software di data mining? Elencare i parametri e dare sinteticamente il significato per ciascun parametro.

1.9. In quale delle tre fasi, esplorazione, modellazione, valutazione, si collocano gli algoritmi?

1.10. Descrivere brevemente la differenza tra metodi e strategie.

2

Trattamento preliminare dei dati

Esplorazione ≫ Modellazione ≫ Valutazione >

In questo capitolo illustriamo le tecniche per fare selezione, preprocessing e trasformazione sui dati. La fase di Esplorazione è essenziale e deve essere effetuata prima di procedere all'applicazione degli algoritmi, cioè al data mining vero e proprio. I dati infatti, devono essere preparati in modo opportuno sia togliendo errori e/o ridondanze sia campionandoli dall'intero data set.

2.1 Campionamento

Il problema del data mining è di identificare un modello il più vicino ai dati. La ricerca del modello, quindi, è un compito importante per questa disciplina come anche però la ricerca dell'appropriatezza del modello rispetto a pochi dati iniziali. Un modello va inizialmente creato e modellato in un insieme ristretto di dati derivanti da un *campionamento*; una volta che il modello è stato calibrato viene esteso a tutti i dati a disposizione. Caratteristica di un modello è la capacità di etichettare correttamente pattern mai osservati, ovvero di generalizzare. Il numero di errori per un modello è l'errata attribuzione di una osservazione ad un gruppo (nel caso ad esempio di problemi di clustering). Il problema è che se un modello è molto flessibile si adatta al campione osservato (overfitting) e di conseguenza perde la capacità predittiva o di generalizzazione. Il nostro obiettivo si basa sulla ricerca di un modello che non sia troppo flessibile ma che descriva bene i dati. Quando sperimentiamo un modello nuovo rischiamo di commettere degli errori e ne commettiamo di più se esso si adatta troppo ai dati. Per questo motivo data una popolazione statistica si potrebbe pensare di mettere in atto una procedura di scelta di un sottoinsieme di unità statistiche rappresentative da tale popolazione. Si definisce come *tecnica di campionamento* ogni procedura di scelta di unità da

Dulli S., Furini S., Peron E.: Data mining. © Springer-Verlag Italia 2009, Milano

una popolazione statistica. Ad ogni campionamento resterà associato un insieme di sottoinsiemi possibili. Tale insieme viene chiamato spazio campionario e ogni elemento di tale spazio verrà denominato campione.

Esistono diverse tecniche di campionamento e queste tecniche nascono per permettere la creazione di un modello di data mining in un numero ridotto di righe (campione). Diverse tecniche sono state studiate per ottenere un campionamento il più possibile corrispondente alla popolazione, [99] e qui illustreremo le più note partendo da un'introduzione del concetto di overfitting.

2.1.1 Premessa

In statistica, si parla di overfitting (eccessivo adattamento) quando un modello statistico si adatta ai dati osservati (il campione) usando un numero eccessivo di parametri. Un modello per assurdo può adattarsi perfettamente ai dati risultando quindi anche complesso rispetto alla quantità di dati disponibili. Spesso si sostiene che l'overfitting è una violazione della principio espresso dal rasoio di Occam.[1] Il concetto di overfitting è molto importante anche nel machine learning e nel data mining. Di solito un algoritmo di apprendimento viene allenato usando un certo insieme di esempi presi a caso dalla popolazione (questo campione viene chiamato il training set appunto), ad esempio situazioni di cui è già noto il risultato che interessa prevedere (output). Si assume che l'algoritmo di apprendimento (il learner) raggiungerà uno stato in cui sarà in grado di predire gli output per tutti gli altri esempi che ancora non ha visionato, cioè si assume che il modello di apprendimento sarà in grado di generalizzare. Tuttavia, soprattutto nei casi in cui l'apprendimento è stato effettuato troppo a lungo o dove c'era uno scarso numero di esempi di allenamento, il modello potrebbe adattarsi a caratteristiche che sono specifiche solo del training set, ma che non hanno riscontro nel resto dei casi; perciò, in presenza di overfitting, le prestazioni (cioè la capacità di adattarsi/prevedere) sui dati di allenamento aumenteranno, mentre le prestazioni sui dati non visionati saranno peggiori. Sia nella statistica che nel machine learning, per evitare l'overfitting, è necessario attuare particolari tecniche, come la cross-validation (si veda la Sezione 2.1.3) e l'arresto anticipato, che indichino quando un ulteriore allenamento non porta più ad una migliore generalizzazione.

2.1.2 Training and Test o Holdout

Questa è una delle tecniche più semplici per stimare l'errore reale: si divide l'insieme dei campioni in due parti; una di queste, detta training set, viene utilizzata per

---

[1] Il rasoio di Occam è un principio metodologico attribuito al logico e frate francescano inglese del XIV secolo William of Ockham (noto in italiano come Guglielmo di Occam): "entia non sunt multiplicanda praeter necessitatem," che può essere parafrasato in diversi modi, ad esempio: "tra due ipotesi che spiegano lo stesso fenomeno, scegli quella più semplice", oppure: "a parità di fattori la spiegazione più semplice tende ad essere quella esatta".

Algoritmo 2.1: Algoritmo Cross Validation

---

   input : z, N
   output: z_n, PE(N), $\beta(N)$

1 Dividi z in N campioni uguali
2 $i = 0$
3 **while** $i \leq N$ **do**
4   Stima il modello $\beta(N)$ su $z_{(n)} = \{z_1, z_2, \ldots, z_n\}$
5   Calcola PE(n) fra z_n e la predizione $\beta(N)$
6       $i = i + 1$
7 **end**
8 Calcola CV $= \frac{1}{K} \sum_{n=1}^{N} \text{PE}(n)$
9 **return** z_n, PE(N), $\beta(N)$

---

la costruzione del modello mentre l'altra, il test set, viene utilizzata per la successiva verifica. Le due partizioni dell'insieme devono essere estratte casualmente per poter ottenere campioni il più possibile rappresentativi dell'insieme; inoltre i casi del test set devono essere indipendenti dai casi di training, ovvero l'unica relazione fra i due gruppi deve essere l'appartenenza alla stessa popolazione. Tipicamente l'insieme dei campioni viene diviso in $\frac{2}{3}$ per il training set e $\frac{1}{3}$ per il test set.

2.1.3 K-fold Cross Validation

Si indichi con N il numero delle osservazioni del campione e con K il numero degli esperimenti. Nel caso in cui si disponga di un piccolo numero di dati, l'utilizzo del metodo di Training and Test può portare al rischio di avere una partizione non significativa dei dati o della popolazione, per ottenere la stima del tasso di errore del modello. Un modo semplice per evitare questo, è quello di creare più partizioni casuali e ripetere su ciascuna di queste la procedura di Training and Test. Con la K-fold Cross Validation si divide l'insieme dei campioni in K partizioni indipendenti tra loro delle stesse dimensioni. A ogni ripetizione della procedura una partizione viene utilizzata per il test e le rimanenti per il training, con cui costruire il classificatore. Otteniamo quindi N stime del tasso di errore dei campioni di test (PE): il valore medio di questi è chiamato tasso di errore cross-validato (CV) e fornisce una stima del tasso di errore reale ancora più attendibile di quella ottenuta con il Training and Test [99].

    La tecnica di stratificazione o anche di multicross-validation è una estensione della cross-validation. Nella cross-validation stratificata, i sottoinsiemi sono partizionati in modo tale che la distribuzione degli oggetti rispetto alla classe da predire in ogni fold, è approssimativamente la stessa riscontrabile nei dati iniziali. Altri metodi simili alla N-fold cross-validation includono il bootstrapping ed il leave one out, in cui vengono applicati diversi criteri di scelta ed utilizzo dei vari sottoinsiemi. In generale la tecnica di cross-valiation stratificata è raccomandata per stimare l'accuratezza di un classificatore, anche se la potenza computazionale del sistema permette di usare più sottoinsiemi, a causa del suo errore e varianza relativamente bassi. L'uso di queste tecniche per stimare l'accuratezza di un classificatore aumenta il tempo complessivo di computazione. Tuttavia è indispensabile per poter effettuare una scelta tra vari classificatori.

2.1.4 Leave one out

Nel caso in cui le partizioni N diventino uguali a K (dove K è il numero degli esperimenti) il campionamento prende il nome di leave one out.

Per chiarire consideriamo un dataset con N elementi e formiamo N campioni. Per ogni campione usiamo $N-1$ elementi per il training e i rimanenti per il testing. L'errore medio, in genere è la media degli errori sugli elementi del test.

2.1.5 Bagging

Dato un insieme S (Sample) di s oggetti, il bagging opera nel modo seguente: alla t-esima iterazione, con $1 \leq t \leq T$, un training set S_t viene campionato con rimpiazzamento dall'insieme originale S. Dato che viene impiegata la tecnica di campionamento con rimpiazzamento, alcuni oggetti dell'insieme originale S possono non essere inclusi in S_t, mentre altri possono occorrere più di una volta. Un classificatore C_t è allenato per ogni t. Per classificare un oggetto sconosciuto X, ogni classificatore C_t fornisce la sua classe di predizione che conta come un voto. Il classificatore bagged conta semplicemente i voti, ed assegna ad X la classe con il maggior numero di voti. Il bagging può essere applicato anche per la predizione di valori continui, prendendo la media dei valori predetti da ogni classificatore.

2.1.6 Boosting

In questo caso vengono assegnati dei pesi ad ogni training sample. Una serie di classificatori viene estratta da tali sample. Dopo che un classificatore C_t è stato estratto, i pesi vengono aggiornati per permettere al successivo classificatore, C_{t+1} di fare maggior attenzione agli errori di misclassificazione commessi da C_t. Il classificatore boosted finale combina i voti di ogni classificatore individuale, dove il peso di ogni voto dato dal classificatore è in funzione della sua accuratezza. Anche in questo caso questo metodo può essere esteso alla predizione di valori continui.

2.2 Inferenza

Raramente si studia un campione per descriverlo ma piuttosto l'aspirazione finale è quella di trarre inferenze sulla popolazione dalla quale il campione è stato estratto. Poiché studiare una popolazione intera è, nella maggior parte dei casi troppo costoso, è necessario ricorrere a qualche metodo che consenta di generalizzare i risultati ottenuti analizzando il campione, cioè di estenderlo alla popolazione di riferimento. Nel campo dell'inferenza statistica una importante famiglia di distribuzioni unimodali simmetriche è costituita dalla distribuzione gaussiana, nome derivante dal matematico tedesco Carl Friedrich Gauss. Attualmente le distribuzioni di questo tipo sono chiamate distribuzioni normali in quanto inizialmente si riteneva che esse rappresentassero la norma per molti tipi di variabili.

Esempio 2.1. Si consideri la popolazione di un certo stato per la quale si conosce l'età media e la varianza. Consideriamo un'analisi sui dati di questa popolazione, dalla quale estraiamo un campione che assumiamo abbia una distribuzione di età media e varianza uguali alla popolazione di partenza. Dopo aver trovato un modello coerente dai dati campionati è possibile estendere questo ragionamento alla popolazione proprio perché si conosce la distribuzione dei dati.

2.2.1 La distribuzione normale

La distribuzione normale è una delle più importanti distribuzioni statistiche, soprattutto perché molte variabili osservate hanno degli andamenti simili alla distribuzione normale, e a causa del teorema limite centrale, i metodi di campionamento in media seguono una distribuzione normale. La distribuzione normale svolge anche un ruolo importante in data mining, in particolare nel clustering e nella stima. Se una variabile casuale, o nel nostro caso un attributo X, ha una distribuzione normale con media μ e varianza σ^2 (con $\mu \in \mathbb{R}$ e con $\sigma \in \mathbb{R}^+$) la funzione di densità di probabilità (f.d.p.) è data da:

$$f(x|\mu,\sigma^2) = \frac{1}{\sqrt{2\pi\sigma^2}}e^{-\frac{(x-\mu)^2}{2\sigma^2}}. \tag{2.1}$$

La forma di una particolare distribuzione normale è determinata da due soli valori: la media della popolazione e la sua varianza (si veda la Sezione 2.4.3 e la Sezio-

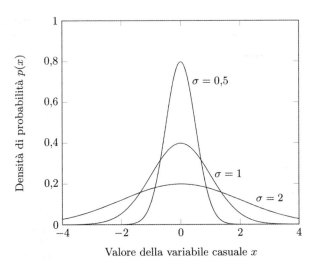

Figura 2.1. Alcune funzioni di densità di probabilità normale, con media $\mu = 0$ e diversi valori della varianza σ

ne 2.4.4). L'area sottesa alla curva normale, essendo una densità di probabilità, è pari a 1. La curva è simmetrica rispetto alla media. La Figura 2.1 mostra alcune curve di densità di probabilità normale per diversi valori della varianza.

2.3 Pre-elaborazione dei dati

Un problema che si incontra ogni volta che si raccolgono i dati è quello delle informazioni mancanti. Questa fase aiuta anche, in maniera retroattiva, a migliorare (se necessario) la qualità della sorgente dati. Inoltre, in alcuni casi si permette di effettuare anche una scelta tra variabili utili e inutili al fine dell'analisi (per esempio, eliminando feature con molti valori mancanti). È importante perciò ricordare che esiste una fase di pre-elaborazione necessaria ad eseguire:

1. *data cleaning* (pulitura dei dati): riempire i campi con i valori mancanti, lisciare i dati rumorosi, rimuovere i valori non realistici;
2. *data integration* (integrazione dei dati): integrare dati provenienti da database multipli risolvendo le inconsistenze;
3. *data transformation* (trasformazione dei dati): preparare i dati per l'uso di alcuni particolari algoritmi di analisi;
4. *data reduction* (riduzione dei dati): ridurre la mole dei dati o il numero delle variabili in input senza compromettere la validità delle analisi.

2.3.1 Data Cleaning

Le attività eseguite durante il passo di data cleaning sono:

1. inserire dei valori stimati per gli attributi che hanno dati mancanti;
2. identificare gli outliers (dati molto diversi dai valori attesi);
3. eliminare il rumore presente nei dati;
4. correggere le inconsistenze.

Alcuni algoritmi di analisi hanno dei meccanismi per gestire set di dati in presenza di valori mancanti o di outliers. Essi operano però senza conoscenza del dominio applicativo. I risultati migliori si ottengono con una pulizia a priori dei dati, con l'aiuto di esperti del dominio applicativo.

2.3.2 Data Missing

Si possono considerare varie ragioni per cui i dati mancano:

1. malfunzionamento di qualche apparecchiatura;
2. dati inconsistenti con altri e quindi cancellati in una fase precedente;
3. dati non immessi perché non obbligatori.

Ci si può chiedere se queste mancanze sono casuali o no. Se un valore non è presente perché un determinato test non è stato eseguito in maniera deliberata, allora la presenza di un attributo mancante può implicare un'ampio spettro di possibili soluzioni.

Le possibili soluzioni quando si hanno dati con valori mancanti possono essere:

1. ignorare le istanze con valori mancanti:
   a) questa tecnica non è molto efficace, in particolare se la percentuale di tuple con dati mancanti è alta;
   b) questa tecnica si usa spesso quando il dato che manca è il target (esempio: la classe in un problema di classificazione);
2. riempire i valori mancanti manualmente considerando quelli a disposizione:
   a) questa tecnica è noiosa, e potrebbe essere non fattibile;
3. usare un valore costante come *unknown* oppure 0 o *null* (a seconda del tipo di dati):
   a) potrebbe alterare il funzionamento dell'algoritmo di analisi, meglio allora ricorrere ad algoritmi che gestiscono la possibilità di dati mancanti;
   b) è pero utile se la mancanza di dati ha un significato particolare di cui tener conto;
4. usare la media dell'attributo al posto dei valori mancanti (si veda la Sezione 2.3.4 nella pagina seguente);
5. per problemi di classificazione, usare la media dell'attributo per tutti i campioni della stessa classe (è una versione perfezionata del metodo della media per problemi di classificazione);
6. predire il valore dell'attributo mancante sulla base degli altri attributi noti:
   a) la predizione può avvenire usando regressione lineare, alberi di classificazione, etc.;
   b) si usano algoritmi di data mining per preparare i dati in input ad altri algoritmi di data mining.

2.3.3 Dati inaccurati

Cause specifiche delle inesattezze possono essere:

- errori tipografici in attributi nominali: coca cola diventa coccola;
- inconsistenze: pepsi cola e pepsicola (il sistema di data mining pensa si tratti di prodotti diversi);
- errori tipografici o di misura in attributi numerici (alcuni valori sono chiaramente poco sensati, e possono essere facilmente riconosciuti);
- errori deliberati: durante un sondaggio, l'intervistato può fornire un CAP falso;
- alcuni errori causati da sistemi di input automatizzati: se il sistema insiste per un codice ZIP (come il CAP ma negli USA) e l'utente non lo possiede?

Occorre imparare a conoscere i propri dati per capire il significato di tutti i campi e individuare gli errori che sono stati commessi. Semplici programmi di visualizzazione grafica consentono di identificare rapidamente dei problemi per esempio attraverso l'osservazione della distribuzione verificando la consistenza con ciò che ci si aspetta ed eventualmente cercando di capire cosa ci sia di sbagliato (outliers).

2.3.4 Discretizzazione

La discretizzazione (binning) è una tecnica per ridurre la variabilità (e quindi il rumore) nei dati. Per rumore si intende un errore casuale su una variabile misurata (tipicamente numerica) ed è una delle possibile cause di dati inaccurati. Il rumore può essere dovuto a:

- apparati di misura difettosi;
- problemi con le procedure di ingresso dati;
- problemi di trasmissione;
- limitazioni tecnologiche.

Si considerano tutti i possibili valori (con ripetizioni) assunti dall'attributo e li si ordinino. Chiamiamo a_i con $i \in [1, \ldots, N]$ i dati input, già ordinati. Si fissa un valore d per la profondità (depth) e si divide l'intervallo $[a_0, \ldots, a_N]$ in intervalli (bin) consecutivi disgiunti, ognuno dei quali contenente all'incirca d elementi. Quindi ci saranno circa $\frac{N}{d}$ intervalli chiamati $I_1, \ldots, I_m$. Ad ogni a_i sostituiamo un valore derivato dal corrispondente intervallo tramite la funzione di smoothing $v(i)$. La funzione $v(i)$ può sostituire:

- smoothing by bin means: si sostituisce ad a_i la media del corrispondente intervallo

$$a_i = \mu(I_{v(i)}); \qquad (2.2)$$

- smoothing by bin medians: si sostituisce ad ai la mediana del corrispondente intervallo

$$a_i = Me(I_{v(i)}); \qquad (2.3)$$

- smoothing by bin boundaries: si sostituisce ad a_i uno dei due estremi dell'intervallo corrispondente, in particolare quello più vicino:

$$\begin{cases} a_i = \min(I_{v(i)}) & \text{se } (a_i - \min(I_{v(i)})) < (\max(I_{v(i)}) - a_i) \\ a_i = \max(I_{v(i)}) & \text{altrimenti.} \end{cases} \qquad (2.4)$$

Algoritmo 2.2: Algoritmo Binning

---

  input : a_i, N
  output: a_i^*

1 Fissa d
2 Ottieni N/d intervalli $[I_1, \ldots, I_m]$
3 $a_i^* = I_{v(i)}$
4 **return** a_i^*

Esempio 2.2 (Calcolo del Binning). Dati questi prezzi (in euro): 4, 8, 9, 15, 21, 21, 24, 25, 26, 28, 29, 34 determinare per ogni bin il corrispondente dato da assegnare a_i.

- Partizionamento in intervalli di 4 elementi ($d = 4$):
  - Bin 1: 4, 8, 9, 15;
  - Bin 2: 21, 21, 24, 25;
  - Bin 3: 26, 28, 29, 34.
- Smoothing by bin means:
  - Bin 1: 9, 9, 9, 9;
  - Bin 2: 23, 23, 23, 23;
  - Bin 3: 29, 29, 29, 29.
- Smoothing by bin boundaries
  - Bin 1: 4, 4, 4, 15;
  - Bin 2: 21, 21, 25, 25;
  - Bin 3: 26, 26, 26, 34.

Non sempre è possibile avere intervalli di esattamente d elementi. Equi-Width Binning è simile all'Equi-Depth Binning, ma gli intervalli sono ottenuti in modo da avere più o meno tutti la stessa ampiezza (come differenza fra il minimo e il massimo) (width). Se gli intervalli che otteniamo sono $I_1, \ldots, I_m$, il valore $\max(I_i) - \min(I_i)$ è più o meno costante, al variare di $i \in [1, \ldots, m]$. Con i dati di prima, e una ampiezza per ogni intervallo più o meno fissata a 10, otteniamo i seguenti bin:

- Bin 1: 4, 8, 9, 15
- Bin 2: 21, 21, 24, 25, 26, 28, 29, 34.

Un altro metodo per ammorbidire i dati è determinare una funzione che li approssimi, e sostituire i valori previsti dalla funzione a quelli effettivi.

2.4 Analisi esplorativa

Un dataset in genere rappresenta un sottoinsieme o un campione di una serie di eventuali osservazioni. La stima della popolazione dal campione avviene attraverso alcuni parametri statistici. In genere non si conosce molto riguardo alla popolazione che si va a studiare e quindi per cominciare sul dataset si raccolgono informazioni che possono essere adottate per rappresentare l'intera popolazione. Qui di seguito illustreremo le statistiche e le caratteristiche di una distribuzione che formano la base dalla quale partire per analizzare distribuzioni congiunte di due o più variabili.

2.4.1 Tipi di attributi

Molti dataset possono essere rappresentati sotto forma di tabelle. Una tabella è una matrice $n \times d$, dove n è il numero di righe e d è il numero di colonne. Le righe denotano una raccolta di istanze, che possono anche essere chiamate a titolo di esempio, registrazioni, transazioni, oggetti, operazioni, features vector, ecc. Le colonne denotano una collezioni di attributi, che possono essere anche chiamate dimensioni, variabili, caratteristiche, proprietà, campi, ecc. Ad esempio,

Tabella 2.1. Esempio di database di dati demografici

ID	Età	Sesso	Stato civile	Istruzione	Reddito (€)
148	54	M	Sposato	Laurea	1 000
149	null	F	Sposato	Laurea	1 200
150	29	M	Single	Laurea	2 300
151	7	M	null	Altro	0

prendiamo in considerazione un campione di dati demografici come quelli riportati nella Tabella 2.1, che contengono informazioni come l'età, il sesso, lo stato civile, l'istruzione e il reddito per gli individui in una popolazione. Si noti che alcuni dati possono essere mancanti (contrassegnati con *null*); per esempio, non possiamo sapere l'età per i single con ID 149 (si veda la Sezione 2.3.2 nella pagina 18). Gli attributi possono essere di diversi tipi a seconda del loro dominio, vale a dire, a seconda dei tipi di valori che essi possono assumere. Un attributo categorico è uno che ha un valore di dominio composto da un insieme finito di simboli. Per esempio, sesso, stato civile, e l'istruzione sono attributi categorici, in quanto dominio (Sesso) = (F, M), il dominio (Stato) = (Single, Sposato), e il dominio (Istruzione) = (Superiore, Laurea, Master, Dottorato (PhD), Altro). Gli attributi categorici possono essere di due tipi.

1. *Nominale.* Un attributo è chiamato nominale, se i suoi valori non possono essere ordinati. Ogni valore è un simbolo distinto e l'unica operazione ammessa è la verifica se due valori sono uguali (si veda la Sezione 3.1 nella pagina 37). Un esempio di questo tipi di attributi è l'attributo sesso.
2. *Ordinale.* Un attributo è chiamato ordinale se i suoi valori sono dei simboli ma che in più possono essere ordinati in qualche modo (per esempio, l'istruzione,dal momento che possiamo affermare che qualcuno che ha un laurea è più istruito di qualcuno con il diploma di scuola media superiore. Allo stesso modo, un dottorato di ricerca si ottiene dopo un Laurea e un Master solo dopo una laurea). La distinzione tra attributi nominali ed ordinali non è sempre chiara.

Un attributo numerico è un tipo di attributo che ha un dominio a valori reali o interi. Ad esempio, l'età e il reddito nella Tabella 2.1 sono attributi numerici, in quanto dominio(età) = dominio(reddito) = $\mathbb{R}^+$ (l'insieme di tutti i positivi reali). Gli attributi numerici possono essere di due tipi.

1. *Intervallo.* Questi tipi di attributi sono confrontabili solo a differenze perché esiste il concetto di distanza 3.1 (somma o sottrazione). Assumono valori ordinati e ottenuti da precise unità di misura. Le altre operazioni aritmetiche come divisione e prodotto non hanno senso, e non esiste un valore zero significativo. Per esempio per la temperatura, misurata in intervalli di scala °C o °F non è molto significativo confrontare due misurazioni fra di loro dicendo che 20°C è "due volte" il valore di 10°C.

2. *Ratio.* La maggior parte degli attributi numerici sono tali che possiamo confrontarli fra di loro in base ai rapporti. Questi attributi assumono valori ordinati e ottenuti da precise unità di misura, per cui esiste un valore zero ben definito. Tutte le operazioni aritmetiche, su questi attributi hanno senso. Per esempio, possiamo dire che chi è ha 20 anni è due volte più vecchio di qualcuno che ha 10 anni.

In pratica, la maggior parte delle volte gli algoritmi di data mining trattano solo due classi di attributi:

1. *nominali* (chiamati anche categoriali o discreti);
2. *numerici*: corrispondono ai tipi ordinale, intervallo o ratio a seconda del tipo di algoritmo;
   - assumono un qualunque valore numerico;
   - bisogna stare attenti al fatto che l'algoritmo non faccia delle operazioni che non hanno senso sul tipo di dato in questione.

2.4.2 Analisi univariata

I dati che vengono presi in considerazione dall'analisi esplorativa si presentano come una tabella incrociata multivariata a doppia entrata con mutua-relazione di riga. Una peculiarità dell'analisi multivariata rispetto alla comune statistica univariata è la ricchezza di tecniche per la sintesi dei dati. Ma nel caso multivariato l'esigenza di sintesi diventa molto più forte: in genere ci si trova di fronte a notevoli quantità di dati che presentano un numero spesso assai grande di variabili per ogni caso. In questo modo tutte le semplici tecniche grafiche usate per "visualizzare" la distribuzione dei dati univariati vengono meno. Ancora se le variabili sono solo due, o tre, si può ricorrere a delle rappresentazioni dei casi come punti del piano (scatter-plot) o dello spazio (ma qui si ha bisogno di una rappresentazione prospettica). Ma cosa fare se le variabili sono più di tre, o, come spesso accade, *molte* più di tre?

Per questo nel tempo sono emerse diverse tecniche per la sintesi e l'esplorazione dei dati e tecniche per *classificare* i dati in gruppi in qualche modo omogenei.

Primo obiettivo è la costruzione della Tabella (o Distribuzione) di Frequenza. Si tratta cioè di contare quante volte ciascuna modalità della variabile si presenta nella popolazione o nel campione che si sta studiando.

prof. A	prof. B	prof. C
prof. A	prof. A	prof. A
prof. B	prof. B	prof. C

ottenendo

prof. A	4
prof. B	3
prof. C	2

Con l'analisi univariata si assume che dai nostri dati di una matrice di n righe che descrivono diverse istanze, ci si concentri sull'analisi di un solo attributo numerico, che si tratta come una variabile casuale x. L'insieme di valori di x è dato dal vettore $(x_1, x_2, \ldots, x_n)^T$. T denota matrice trasposta, in quanto si assume che tutti i vettori sono vettori colonna partendo dalla matrice di dimensione $n \times d$.

Introduciamo degli indicatori associabili ad un attributo. Ciascuna di queste misure si può dire *robusta* secondo il concetto statistico, se è insensibile a variazioni della numerosità dei dati.

2.4.3 Indicatori di tendenza centrale

Gli indicatori di tendenza centrale sono valori che, per il modo in cui sono stati scelti, possono ritenersi rappresentativi o tipici.

Moda

La moda è l'indicatore a cui è associata la massima frequenza (la massima densità di frequenza nel caso di carattere quantitativo raggruppato in classi N classe modale). Può essere calcolato per ogni tipo di variabile.

Mediana

La mediana è l'indicatore che occupa la posizione (rango) centrale in una serie ordinata di dati. Può essere individuata per caratteri quantitativi e qualitativi ordinali.

$$Me = x_{\left(\frac{N}{2}\right)} \tag{2.5}$$

e

$$\begin{cases} Me = x_{\left(\frac{N}{2}\right)} & \text{nel caso di } N \text{ pari} \\ Me = x_{\left(\frac{N+1}{2}\right)} & \text{nel caso di } N \text{ dispari.} \end{cases} \tag{2.6}$$

Media aritmetica

La media è la misura che, se sostituita alle modalità osservate, rende invariata la loro somma (ipotizza uniformità/equità/uguaglianza nella distribuzione). La media μ di una variabile x è il valor medio ottenuto dal calcolo:

$$\mu = \frac{\sum_{i=1}^{n} x_i}{n}. \tag{2.7}$$

La media è anche definita come il valore atteso della variabile casuale x, fornita dalla formula:

$$E[x] = \sum_{i=1}^{n} x_i p(x_i) = \sum_{i=1}^{n} x_i \frac{1}{n} = \frac{\sum_{i=1}^{n} x_i}{n}. \tag{2.8}$$

Media quadratica

La media quadratica è la radice quadrata della media aritmetica dei quadrati:

$$mq = \sqrt{\frac{\sum_{i=1}^{n} x_i^2}{n}}. \tag{2.9}$$

Sotto l'aspetto matematico puo essere calcolata per valori positivi, nulli o negativi; ma essa ha senso come misura di tendenza centrale solamente se i valori sono positivi o nulli. È un indice che trova applicazioni quando si analizzano superfici.

Esempio 2.3. È nota la seguente distribuzione di incidenti per mese in una società di costruzioni: 0, 1, 3, 4, 5, 2, 2, 6, 7, 2, 0, 1. Si vuole calcolare la media aritmetica, la mediana e la moda. Si ha:

$$\mu = \frac{0+1+3+4+5+2+2+6+7+2+0+1}{12} = \frac{33}{12} = 2{,}75$$

$$Me = (0,0,1,1,2,2,2,3,4,5,6,7) = 2$$

$$Moda = 7.$$

2.4.4 Misure di dispersione

Variabilità

La variabilità è l'attitudine di un carattere a presentarsi con modalità diverse. Nel caso di caratteri qualitativi: più la distribuzione delle frequenze tra le modalità tende ad uniformarsi, minore è la variabilità (eterogeneità), per i caratteri quantitativi, maggiore è la dispersione delle modalità attorno alla media, maggiore è la variabilità. Il campo di variazione (γ gamma) è dato:

$$\gamma = \max x_i - \min x_i. \tag{2.10}$$

Varianza o deviazione standard

La deviazione standard è:

$$\sigma^2 = \frac{\sum_{i=1}^{n} (x_i - \mu)^2}{n}. \tag{2.11}$$

La varianza è anche definita come il secondo momento della media:

$$[E(x-\mu)^2] = \sum_{i=1}^{n} (x_i - \mu)^2 p(x_i) = \sum_{i=1}^{n} (x_i - \mu)^2 \frac{1}{n} = \frac{\sum_{i=1}^{n} (x_i - \mu)^2}{n}. \tag{2.12}$$

La deviazione standard è la radice quadrata della varianza:

$$\sigma = \sqrt{\frac{\sum_{i=1}^{n} (x_i - \mu)^2}{n}}. \tag{2.13}$$

Esempio 2.4. Un gruppo di azioni del settore telecomunicazioni ha i seguenti rapporti prezzo/utile: 25, 16, 50 ,19, 42, 37. Calcolare: a) la media, b) la media quadratica, c) il campo di variazione.

$$\mu = \frac{189}{6} = 31{,}5$$

$$mq = 33{,}85$$

$$\gamma = 50 - 16 = 34.$$

2.4.5 Misure di eterogeneità e similarità

Gli indici fin qui analizzati sono utili quasi esclusivamente in caso di variabili quantitative. Comunque, risulta utile, in molti casi, avere anche misure in grado di descrivere feature di tipo qualitativo, siano esse nominali o ordinali. L'indice più comune per gli attributi qualitativi è l'eterogeneità.

Consideriamo una variabile qualitativa x, che può assumere k distinti livelli. Supponiamo di aver calcolato le frequenze relative p_i per ogni livello. Una definizione generale di eterogeneità può essere la seguente:

Definizione 2.5. *Si ha eterogeneità minima (si parla anche, in questo caso, di omogeneità) quando non abbiamo variazioni nei livelli delle feature, ovvero una certa $p_i = 1$ e vale $p_j = 0$, $\forall j \neq i$; viceversa, si ha eterogeneità massima quando le osservazioni si distribuiscono uniformemente su tutti i livelli, ovvero $p_i = 1/k$, $\forall i$.*

Esistono due indici molto comuni di eterogeneità. Il primo è il cosiddetto indice di Gini

$$G = 1 - \sum_{i=1}^{k} p_i^2 \qquad (2.14)$$

per il quale è facile mostrare come, se siamo in condizioni di omogeneità, si ha $G = 0$, mentre in condizioni di massima eterogeneità si ha $G = 1 - \frac{1}{k}$. Dato che spesso può essere utile normalizzare i valori degli indici affinché siano compresi in $[0, 1]$, si può definire l'indice di Gini normalizzato:

$$G' = \frac{G}{(k-1)/k}. \qquad (2.15)$$

Altro indice piuttosto comune è l'entropia, definita come:

$$E = -\sum_{i=1}^{k} p_i \log p_i \qquad (2.16)$$

che vale 0 in caso di omogeneità e $\log k$ in caso di massima eterogeneità. Anche in questo caso, è possibile definire l'entropia normalizzata nell'intervallo $[0, 1]$:

$$E' = \frac{E}{\log k}. \qquad (2.17)$$

Normalizzazione dei dati

Spesso è utile considerare come trasformare o riaggregare i dati in modo che siano confrontabili e cadano in intervalli stabiliti. Una tecnica comune è quella di normalizzare e standardizzare i dati . L'obiettivo della standardizzazione o normalizzazione è di costruire un insieme di valori con determinate proprietà.

- La normalizzazione Z-Score. Se μ_x è la media di un insieme di attributi e σ_x è la sua deviazione standard la trasformazione di

$$x' = \frac{(x - \mu_x)}{\sigma_x}, \qquad (2.18)$$

crea una nuova variabile che ha media 0 e una deviazione standard pari a 1. È utile quando non si conosce minimo e massimo per un attributo.
- La normalizzazione per scalatura decimale:

$$x' = \frac{x}{10^j} \text{ dove } j \text{ è il più piccolo intero tale che } \max|x'| < 1. \qquad (2.19)$$

Ad esempio, se l'attributo x' varia da -986 a 917, per normalizzare dividiamo tutto per 1000. I nuovi valori andranno da $-0,986$ a $0,917$.
- La normalizzazione min-max: Si riscala l'attributo x in modo che i nuovi valori cadano tra new_{min} e new_{max}

$$x' = \frac{(x - min_x)}{max_x - min_x}(new_{max} - new_{min}) + new_{min}. \qquad (2.20)$$

È molto influenzata dagli outliers.

Se alcune variabili hanno andamenti che sono combinati in modi diversi occorre trasformarle; spesso è anche necessario laddove le variabili abbiano una grande differenza di valori fra di esse.

2.4.6 Riduzione della dimensionalità

Nell'elaborare grossi moli di dati esiste la necessità di effettuare una riduzione dei dati in modo da ottenere una rappresentazione ridotta dei dati con una occupazione molto inferiore di memoria ma che produce gli stessi (o comunque simili) risultati analitici. Ci sono varie strategie:

- aggregazione usando un cuboide[2] al più alto livello di aggregazione, purché sufficiente per il compito di analisi che dobbiamo svolgere;
- riduzione della dimensionalità (dimensionality reduction) con la selezione di attributi rilevanti. Si utilizzano le tecniche di analisi delle componenti principali (PCA) e analisi fattoriale;
- riduzione della numerosità (numerosity reduction);
- discretizzazione e generazione delle gerarchie di concetto.

---

[2] Termine legato ad una particolare aggregazione nella teoria del data warehouse. Per saperne di più si rimanda al testo [84].

Selezione degli attributi rilevanti

Questo passo opera in modo da selezionare un insieme minimo di attributi che descrivano in maniera adeguata i dati in ingresso come ad esempio, eliminare gli attributi irrilevanti, come può essere l'informazione di una chiave primaria. Questa metodologia può essere effettuata da un esperto del settore sotto analisi. I possibili algoritmi euristici possono essere:

- step-wise forward selection. Partiamo da un insieme vuoto di attributi e ad ogni passo aggiungiamo l'attributo che massimizza la qualità dell'insieme risultante. Ci fermiamo quando si è raggiunta una qualità minima desiderata per l'insieme degli attributi. L'incremento minimo di qualità scende, in questi casi, sotto una determinata soglia;
- step-wise backward selection. Partiamo da tutti gli attributi e ad ogni passo togliamo l'attributo che massimizza la qualità dell'insieme. Ci fermiamo quando si è scesi sotto la qualità minima desiderata per l'insieme degli attributi.

Per la qualità delle informazioni si utilizza il guadagno di informazione, information gain, eventualmente corretto per penalizzare gli insiemi con attributi strettamente correlati.

Esempio 2.6 (Step-wise forward selection). Supponiamo che l'attributo A1 abbia qualità con peso 20 e che l'attributo A6 abbia peso 18 e A4 peso 15. Dato l'insieme di attributi: {A1, A2, A3, A4, A5, A6} con la tecnica step-wise forward selection costruiamo i seguenti insiemi: Insiemi ridotti:

$$\{\} \rightarrow \{A1\} \rightarrow \{A1, A6\} \rightarrow \{A1, A4, A6\}.$$

Esempio 2.7 (Step-wise backward selection). Supponiamo che l'attributo A1 abbia qualità con peso 20 e che l'attributo A6 abbia peso 18 e A4 peso 15. Dato l'insieme di attributi: {A1, A2, A3, A4, A5, A6} con la tecnica step-wise backward selection costruiamo i seguenti insiemi. Gli insiemi ridotti risultanti sono:

$$\{A1, A2, A3, A4, A5, A6\} \rightarrow \{A1, A3, A4, A5, A6\}$$

$$\rightarrow \{A1, A4, A5, A6\} \rightarrow \{A1, A4, A6\}.$$

2.5 Rappresentazioni grafiche per distribuzioni univariate

Le rappresentazioni grafiche servono per evidenziare in modo semplice, a colpo d'occhio, le quattro caratteristiche fondamentali di una distribuzione di frequenza (tendenza centrale, variabilità, simmetria e curtosi). Insieme con i vantaggi di fornire una visione sintetica e di essere di facile lettura, hanno però l'inconveniente fondamentale di mancare di precisione e soprattutto di essere soggettive, quindi di permettere letture diverse degli stessi dati. Pertanto, ai fini di una elaborazione mediante i test e di un confronto dettagliato dei parametri, è sempre preferibile la tabella, che riporta i dati esatti. Nell'introdurre le rappresentazioni grafiche, seppure nel caso specifico parli di diagrammi (come quello di dispersione che in questo testo è presentato nel capitolo della regressione), Sir Ronald A. Fisher [101] espone con chiarezza i motivi che devono spingere il ricercatore a costruire rappresentazioni grafiche dei suoi dati:

- un esame preliminare delle caratteristiche della distribuzione;
- un suggerimento per il test da scegliere, adeguato appunto ai dati raccolti;
- un aiuto alla comprensione delle conclusioni;
- senza per questo essere un test, ma solo una descrizione visiva.[3]

Le rappresentazioni grafiche proposte sono numerose. Esse debbono essere scelte in rapporto al tipo di dati e quindi alla scala utilizzata.

2.5.1 Istogrammi

Per dati quantitativi, riferiti a variabili continue misurate su scale ad intervalli o di rapporti, di norma si ricorre a istogrammi o poligoni. Gli istogrammi sono grafici a barre verticali (per questo detti anche diagrammi a rettangoli accostati), nei quali

1. le misure della variabile casuale sono riportate lungo l'asse orizzontale;
2. l'asse verticale rappresenta il numero assoluto, oppure la frequenza relativa o quella percentuale, con cui compaiono i valori di ogni classe.

I lati dei rettangoli sono costruiti in corrispondenza degli estremi di ciascuna classe. Un istogramma deve essere inteso come una rappresentazione areale: sono le superfici dei vari rettangoli che devono essere proporzionali alle frequenze corrispondenti. Quando le classi hanno la stessa ampiezza, le basi dei rettangoli sono uguali; di conseguenza, le loro altezze risultano proporzionali alle frequenze che rappresentano. Solo quando le basi sono uguali, è indifferente ragionare in termini di altezze o di aree di ogni rettangolo. Ma se le ampiezze delle classi sono diverse, bisogna ricordare il concetto generale che le frequenze sono rappresentate dalle superfici e quindi è necessario rendere l'altezza proporzionale. Tale proporzione è facilmente ottenuta dividendo il numero di osservazioni per il numero di classi contenute nella base, prima di riportare la frequenza sull'asse verticale.

La Figura 2.2 rappresenta un istogramma che illustra il numero di figli sulla percentuale di cittadini americani adulti.

---

[3] The preliminary examination of most data is facilitated by use of diagrams. Diagrams prove nothing, but bring outstanding features readily to the eye; they are therefore no substitute for such critical tests as may be applied to the data, but are valuable in suggesting such tests, and in explaining the conclusions founded upon them [101].

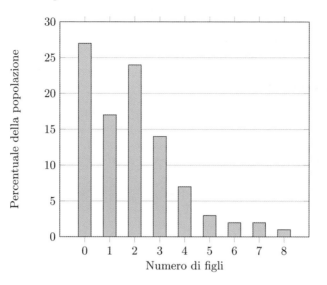

Figura 2.2. Istogramma della percentuale di cittadini che ha un determinato numero di figli

2.5.2 Distribuzioni di frequenza per i dati qualitativi

Per le distribuzioni di frequenza di dati qualitativi, le rappresentazioni grafiche più frequenti sono:

- i diagrammi a rettangoli distanziati;
- gli ortogrammi;
- i diagrammi a punti;
- gli areogrammi (tra cui i diagrammi circolari);
- i diagrammi a figure (o diagrammi simbolici).

Diagrammi a rettangoli distanziati

I diagrammi a rettangoli distanziati, detti anche grafici a colonne, sono formati da rettangoli con basi uguali ed altezze proporzionali alle intensità (o frequenze) dei vari gruppi considerati. A differenza degli istogrammi, i rettangoli non sono tra loro contigui, ma distaccati; di conseguenza, sull'asse delle ascisse non vengono riportati misure ordinate ma nomi, etichette o simboli, propri delle classificazioni qualitative.

Diagrammi a punti

Con dati qualitativi o nominali, le basi dei rettangoli sono sempre identiche avendo solo un significato simbolico. Si può ricorre quindi sia a diagrammi a punti o line plot, in cui i punti sono disposti uno sopra l'altro fino ad un'altezza proporzionale alla frequenza della classe, sia a diagrammi a barre, che sono un'altra rappresentazione frequente, in cui al posto di rettangoli o colonne di punti vengono usate linee continue più o meno spesse. Nel caso di dati qualitativi o nominali, non esiste una logica specifica nell'ordine delle classi. Per convenzione, i rettangoli o le colonne sovente (ma non obbligatoriamente) vengono disposti in modo ordinato dal maggiore al minore o viceversa. Se le classi qualitative sono composte da sottoclassi, è possibile una rappresentazione grafica più articolata, dividendo ogni rettangolo in più parti, con altezze proporzionali alle frequenze delle sottoclassi. Avendo basi uguali, le aree sono proporzionali alle altezze; pertanto, anche i diagrammi a rettangoli distanziati sono rappresentazioni areali.

Ortogrammi

Gli ortogrammi o grafici a nastri sono uguali ai rettangoli distanziati; l'unica differenza è che gli assi sono scambiati, per una lettura più facile. Anche in questo caso è possibile sostituire ai rettangoli una linea, eventualmente punteggiata. Si ottengono diagrammi a barre o a punti e l'intensità o frequenza delle varie classi viene letta con una proiezione sull'asse delle ascisse.

Secondo alcuni esperti di percezione dei grafici, queste figure vengono lette con maggiore facilità rispetto ai rettangoli distanziati (l'occhio leggerebbe con maggiore facilità la proiezione verticale e di quella orizzontale) e quindi meglio rappresentano le informazioni contenute in distribuzioni di frequenza di dati qualitativi.

Areogrammi

Gli areogrammi sono grafici in cui le frequenze o le quantità di una variabile qualitativa sono rappresentate da superfici di figure piane, come quadrati, rettangoli o, più frequentemente, cerchi oppure loro parti. La rappresentazione può essere fatta sia con più figure dello stesso tipo, aventi superfici proporzionali alle frequenze o quantità, sia con un'unica figura suddivisa in parti proporzionali. Nel caso dei diagrammi circolari o a torta, si divide un cerchio in parti proporzionali alle classi di frequenza. Gli areogrammi vengono usati soprattutto per rappresentare frequenze percentuali. Hanno il vantaggio di fare capire con immediatezza che la somma di tutte le classi è uguale all'unità (1 o 100%); hanno l'inconveniente che evidenziano con estrema difficoltà le differenze che non sono molto marcate. Per differenze piccole, si dimostrano meno efficaci degli ortogrammi.

Diagrammi circolari

I diagrammi circolari sono utilizzati per distribuzioni di variabili nominali, al fine di evitare di stabilire anche involontariamente un ordine, che non esiste tra variabili qualitative. Mettono in evidenza come sono distribuite le singole parti, rispetto all'intero: il cerchio rappresenta l'intero fenomeno ed i componenti sono rappresentati da settori che sono distinti da tratteggi, colori o gradazioni di colore differenti. Gli angoli (a, nella formula successiva) devono essere proporzionali alle percentuali (Y in %) che vogliono rappresentare, in accordo con la relazione:

$$a : 360 = Y \ in \ \% : 100.$$

Diagrammi coordinate polari

Un'altra rappresentazione grafica che ha un uso specifico per alcuni argomenti è il diagramma polare o diagramma a coordinate polari. Serve per rappresentare le variabili cicliche (mensili, settimanali, giornaliere), come la quantità di pioggia e la temperatura media mensile; oppure la quantità di inquinanti presenti nell'aria in un ciclo di 24 ore. A partire da un punto centrale, chiamato polo, si traccia una serie di cerchi concentrici, la cui distanza dal centro misura l'intensità del fenomeno. Per rappresentare la variabile ciclica, si divide l'angolo giro in tante parti quante sono le modalità (es.: 12 per i mesi, 24 per le ore). Si devono poi collocare punti nei vari cerchi concentrici, per individuare insieme la modalità (es.: il mese o l'ora) e l'intensità del fenomeno (ad esempio la quantità di pioggia, la temperatura, la misura d'inquinamento atmosferico o di un corso d'acqua). Il diagramma polare è ottenuto congiungendo i vari punti e l'intensità del fenomeno è rappresentata dalla distanza dal centro.

2.6 Esercizi di riepilogo

2.1. Si risponda alle seguenti domande:

1. Consideriamo i gradi di una feature temp, riferita alla temperatura. Che tipo di variabile è?
2. Cosa si intende, con il termine analisi univariata?
3. Fare alcuni esempi di misure di tendenza centrale.
4. Cosa sono le misure di dispersione?

2.2. Si risponda alle seguenti domande:

1. Qual è lo scopo dell'analisi esplorativa?
2. Indicare un tipo di attributo numerico.
3. La media è robusta quanto un outlier: vero o falso?
4. La deviazione standard è robusta quanto outlier?
5. Elencare i tipi di attributi.

2.3. Supponiamo che gli attributi A_1 abbia qualità con peso 10 e che l'attributo A_6 abbia peso 18 e A_4 peso 9. Dato l'insieme di attributi: $\{A_1, A_2, A_3, A_4, A_5, A_6\}$ costruire con la tecnica step-wise forward gli insiemi risultanti.

2.4. Data la seguente tabella calcolare le misure:

Componente	Prezzo
{A}	4
{B}	9
{C}	5
{D}	2

1. di tendenza centrale;
2. di dispersione;
3. indice di Gini.

2.5. Dati questi prezzi (in euro): 4, 5, 2, 5, 11, 91, 4, 2, 3, 11, 9, 2 determinare per ogni bin il corrispondente dato da assegnare a_i.

2.6. Durante l'ultimo campionato di calcio tenutosi in Italia la squadra A ha segnato il 55 % dei goal mentre la squadra B ha ottenuto il 45 %. Qual è la varianza di questa distribuzione?

2.7. Dati i seguenti valori 4, 7, 1, 4, 6, 9, 18, calcolare:

a) il campo di variazione;
b) la deviazione assoluta;
c) la varianza;
d) deviazione standard;
e) media.

2.8. Costuire la distribuzione delle frequenze assolute e relative a partire dal seguente insieme di valori.

x_1	x_2	x_3	x_4	x_5
1	4	0	0	1
0	9	4	4	4
2	5	3	5	5
3	2	2	2	2

2.9. Cosa si intende per inferenza statistica?

a) metodo di campionamento casuale per il calcolo delle stime;
b) metodo per stimare i valori di un parametro o di una popolazione attraverso valori tratti da un campione;
c) metodologia deduttiva applicata al campionamento;
d) analisi probabilistica del campione;
e) metodo statistico per dedurre le proprietà dei campioni da quelle della popolazione.

2.10. Quale dei seguenti fattori condiziona solo marginalmente la numerosità di un campione casuale?

a) la dimensione dell'errore;
b) la variabilità della popolazione;
c) la numerosità della popolazione;
d) il livello di affidabilità delle stime.

2.11. La media campionaria:

a) è una stima corretta della media della popolazione;
b) è uguale alla media della popolazione;
c) è sempre diversa dalla media della popolazione;
d) è una stima non corretta della media della popolazione.

2.12. Con quale metodologia si può calcolare la probabilità di superare un certo esame con un voto maggiore di 28? Motivare la risposta. Bisogna basarsi sulla frequenza di risultati > 28 da calcolarsi sulla base di statistiche dei risultati: si applica quindi un approccio frequentista per stimare la probabilità.

2.13. Un parametro è:

a) un valore caratteristico del campione;
b) un valore caratteristico della popolazione che si può calcolare mediante un campione casuale;
c) una costante letterale dell'equazione di Bernoulli;
d) un valore caratteristico di una popolazione che si può stimare attraverso un campione casuale;
e) una grandezza incognita del campione che non si può stimare né calcolare.

2.14. Calcolare la numerosità campionaria atta a stimare la percentuale vera degli elettori favorevoli ad un candidato, sapendo che nelle precedenti elezioni ha avuto il 25 % dei voti, con un livello di fiducia del 90 % ed un errore massimo del 2,5 %. Nel caso in cui dal campione risulti un 27 % di consensi possiamo confidare, al 90 % che il candidato abbia effettivamente un aumento di consensi? Motivare la risposta.

2.15. Calcolare la mediana nella serie di 6 dati: 10,1 10,8 13,1 13,9 14,2 14,5.

2.16. Calcolare con la formula euristica la media e la devianza come la somma dei quadrati degli scarti di ogni valore dalla media dei 6 numeri seguenti: 5, 6, 7, 7, 8, 10.

2.17. Si supponga che la analisi da effettuare includa la variabile età. I valori dell'età nelle tuple sono: 13, 15, 16, 16, 19, 20, 20, 21, 22, 22, 25, 25, 25, 25, 30, 33, 33, 35, 35, 35, 35, 36, 40, 45, 46, 52, 70.

a) Usare lo smoothing by bin means sui dati, usando un bin depth di 3. Illustrare gli step. Commentare l'effetto di questa tecnica sui dati.

b) Come si possono determinare gli outliers sui dati?

c) Quale altro metodo si può usare e perché?

d) Usare min-max normalization per trasformare il valore 35 sul range di $[0.0, 1.0]$.

e) Usare z-score normalization per trasformare il valore 35.

f) Usare normalization per trasformare il valore 35.

2.18. Dato il seguente data set

ID	Corso	Voto medio sui progetti	Voto medio d'esame	Impiegato	Salario
1	Computer	87	75	Y	60 000
2	History	?	92	N	?
3	Computer	77	95	Y	50 000
4	Engineering	97	65	N	0
5	Engineering	84	75	Y	40 000

rispondere alle seguenti domande riguardanti la preparazione dei dati per ogni colonna, descrivendo cosa fare, se è possibile, indicando come intervenire sul data set prima che venga utilizzato come input di un algoritmo per una fase successiva.

- data cleaning;
- data integration;
- data transformation;
- data reduction;
- data discretization.

2.19. Costruire un istogramma e un poligono per i seguenti dati relativi alla frequenza con cui un campione di adulti si reca al ristorante:

- mai = 10;
- qualche volta = 15;
- spesso = 20;
- regolarmente = 55.

3

Misure di distanza e di similarità

Esplorazione ≫ Modellazione ≫ Valutazione ⟩

In questo capitolo illustriamo, come l'applicazione degli algoritmi si basi su misure di similarità o di dissimilarità. Finora ci siamo limitati a descrivere il quadro generale. Ci occuperemo ora di costruire dei valori che hanno alcune importanti proprietà e costituiscono la base per l'applicazione dei metodi di clustering, essendo questa una tecnica per suddividere il sottoinsiemi omogenei i dati di partenza.

3.1 Concetto di distanza

Sia S la rappresentazione simbolica di uno spazio di misura e siano x, y, z tre punti qualsiasi in S. Si definisce una misura di dissimilarità o semimetrica una funzione $d(x, y) \colon S \times S \to \mathbb{R}$ che soddisfa le seguenti condizioni:

1. $d(x, y) = 0$ se e solo se $x = y$,
2. $d(x, y) \geq 0 \ \forall x, y \in S$,
3. $d(x, y) = d(y, x) \ \forall x, y \in S$.

La prima condizione indica la riflessività della relazione, la seconda richiede che la distanza, sia comunque non negativa, la terza indica infine la simmetria. Se oltre alle sopra elencate condizioni la funzione soddisfa anche la seguente:

$$4 d(x, y) \leq d(x, z) + d(y, z) \ \forall x, y, z \in S$$

la funzione distanza è una metrica.

La condizione (4), comunemente definita *disuguaglianza triangolare*, richiede che la distanza tra i punti x ed y sia minore od al più uguale alla somma delle distanze tra i due punti ed un terzo punto z distinto dai precedenti. L'interpretazione geometrica della disuguaglianza triangolare è illustrata nella Figura 3.1.

Dulli S., Furini S., Peron E.: Data mining. © Springer-Verlag Italia 2009, Milano

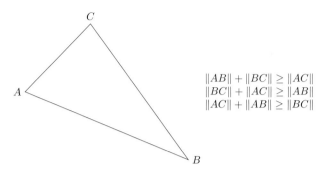

$$\|AB\| + \|BC\| \geq \|AC\|$$
$$\|BC\| + \|AC\| \geq \|AB\|$$
$$\|AC\| + \|AB\| \geq \|BC\|$$

Figura 3.1. Interpretazione geometrica della disuguaglianza triangolare

Sia S la rappresentazione simbolica di uno spazio di misura e siano x y due punti qualsiasi in S.
Si definisce una misura di *similarità* una funzione $s(x,y)\colon S \times S \to \mathbb{R}$ che soddisfa le seguenti condizioni:

1. $s(x,y) = 1$ massima similarità se e solo se $x = y$;
2. $s(x,y) = s(y,x) \ \forall x, y \in S$ (simmetria).

Parte fondamentale di ogni algoritmo di clustering (si veda il Capitolo 4) è un'appropriata misura di distanza o dissimilarità che permetta di tradurre numericamente i concetti di associazione tra elementi simili e distinzione tra elementi appartenenti a cluster diversi.

È opportuno ricordare che alcuni autori traducendo letteralmente il significato del termine *associazione naturale* tra elementi, utilizzano nei loro algoritmi delle misure di similarità (ad esempio la correlazione) piuttosto che misure di *dissimilarità* (ad esempio la distanza euclidea).

L'utilizzo delle misure di distanza negli algoritmi di clustering appare più chiaro se si immagina ogni elemento da classificare come un punto in uno spazio multidimensionale. Per semplicità è possibile riferirsi ad uno spazio bidimensionale, dove sono posizionati gli elementi appartenenti a due cluster distinti. Nella rappresentazione di Figura 3.2, ad esempio, la struttura classificatoria dei dati è facilmente individuabile, la distanza tra elementi appartenenti al medesimo cluster è inferiore a quella tra elementi appartenenti a cluster differenti [148].

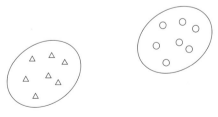

Figura 3.2. Clustering

3.2 Distanza Euclidea

Date due serie di dati X e Y di lunghezza m:

$$X = x_1, x_2, \ldots, x_i, \ldots, x_m$$
$$Y = y_1, y_2, \ldots, y_j, \ldots, y_m$$

si deve stabilire quanto sono vicine le due serie.

La distanza euclidea tra X e Y è così definita:

$$D(X, Y) = \sqrt{\sum_{i=1}^{m}(x_i - y_i)^2}.$$

3.3 Distanza di Minkowski

Date due serie di dati X e Y di lunghezza m:

$$X = x_1, x_2, \ldots, x_i, \ldots, x_m$$
$$Y = y_1, y_2, \ldots, y_j, \ldots, y_m$$

si deve stabilire quanto sono vicine le due serie.

La distanza di Minkowski tra X e Y è così definita:

$$D(X, Y) = \left(\sum_{i=1}^{m}(x_i - y_i)^r\right)^{\frac{1}{r}}.$$

dove r è un parametro in input che può assumere:

- $r = 1$: distanza di Manhattan;
- $r = 2$: distanza Euclidea;
- $r \to \infty$ è la massima distanza fra le componenti di un vettore.

Esempio 3.1 (Calcolo della distanza di Manhattan). Calcolare la distanza di Manhattan per la matrice rappresentata dalla Tabella 3.1.

Tabella 3.1. Distanza di Manhattan

p	x	y
p1	0	2
p2	2	0
p3	3	1
p4	5	1

Risultato:

	p1	p2	p3	p4
p1	0	4	4	6
p2	4	0	2	4
p3	4	2	0	2
p4	6	4	2	0

3.4 Distanza di Lagrange-Tchebychev

Date due serie di dati X e Y di lunghezza m:

$$X = x_1, x_2, \ldots, x_i, \ldots, x_m$$
$$Y = y_1, y_2, \ldots, y_j, \ldots, y_m$$

si deve stabilire quanto sono vicine le due serie.

La distanza di Lagrange-Tchebychev tra X e Y è così definita:

$$D(X, Y) = \max_{1 \leq i \leq m} |X_i, Y_i|.$$

3.5 Distanza di Mahalanobis

Date due serie di dati X e Y di lunghezza m:

$$X = x_1, x_2, \ldots, x_i, \ldots, x_m$$
$$Y = y_1, y_2, \ldots, y_j, \ldots, y_m$$

si deve stabilire quanto sono vicine le due serie.

La distanza di Mahalanobis tra X e Y è così definita:

$$Mahal(X, Y) = \sqrt{(X - Y)\sigma(X, Y)^{-1}(X - Y)^T}$$

dove $\sigma(X, Y)$ è la matrice delle covarianze.

Esempio 3.2 (Calcolo della distanza di Mahalanobis). Dati i punti: $A = (0{,}5, 0{,}5)$; $B = (0, 1)$; $C = (1{,}5, 1{,}5)$ calcolare Mahal(A, B) e Mahal(A, C).

$$\sigma = \begin{pmatrix} 0{,}3 & 0{,}2 \\ 0{,}2 & 0{,}3 \end{pmatrix}$$

$$\sigma^{-1} = 20 \begin{pmatrix} 0{,}3 & 0{,}2 \\ 0{,}2 & 0{,}3 \end{pmatrix}$$

$$Mahal(A, B) = \sqrt{(0{,}5\ 0{,}5)\sigma^{-1}(0{,}5\ 0{,}5)^T} = \sqrt{(0{,}25\ 0{,}25)(0{,}5\ 0{,}5)^T} = \sqrt{5}$$

$$Mahal(A, C)^2 = 4.$$

3.6 Similarità fra vettori binari (SMC)

Date due vettori di dati X e Y di lunghezza m:

$$X = x_1, x_2, \ldots, x_i, \ldots, x_m$$
$$Y = y_1, y_2, \ldots, y_j, \ldots, y_m$$

che hanno solo attributi binari, misuriamo la similarità usando le seguenti quantità:

- M01 = numero degli attributi dove X ha 0 e Y ha 1;
- M10 = numero degli attributi dove X ha 1 e Y ha 0;
- M00 = numero degli attributi dove X ha 0 e Y ha 0;
- M11 = numero degli attributi dove X ha 1 e Y ha 1.

$$SMC = \frac{M_{11} + M_{00}}{M_{01} + M_{10} + M_{11} + M_{00}}$$

$$Jaccard = \frac{M_{11}}{M_{01} + M_{10} + M_{11}}.$$

Esempio 3.3 (Calcolo della distanza di Jaccard). Dato X e Y misurare SMC e Jaccard.

$$X = 1000000000$$

$$Y = 0000001001$$

M01 = 2 (numero degli attributi dove X ha 0 e Y ha 1);
M10 = 1 (numero degli attributi dove X ha 1 e Y ha 0);
M00 = 7 (numero degli attributi dove X ha 0 e Y ha 0);
M11 = 0 (numero degli attributi dove X ha 1 e Y ha 1).

$$SMC = \frac{M11 + M00}{M01 + M10 + M11 + M00} = \frac{0 + 7}{2 + 1 + 0 + 7} = 0{,}7$$

$$Jaccard = \frac{M11}{M01 + M10 + M11} = \frac{0}{(2 + 1 + 0)} = 0.$$

3.7 Correlazione

Date due serie di dati X e Y di lunghezza m:

$$X = x_1, x_2, \ldots, x_i, \ldots, x_m$$
$$Y = y_1, y_2, \ldots, y_j, \ldots, y_m$$

si deve stabilire quanto esse siano correlate tra loro.

L'ordine di grandezza della covarianza dipende dall'unità di misura con cui sono espresse le variabili. Per eliminare questo effetto possiamo standardizzare le due variabili chiamandole rispettivamente X^* e Y^*. Il coefficiente di correlazione

lineare r è pari alla covarianza calcolata sulle variabili standardizzate X^* e Y^*.
Dato $N = m$ e $U = \frac{1}{N}$ e

$$\sigma_x^2 = \frac{\sum_{j=1}^m (x_j - \overline{x})^2}{N}$$

$$\sigma_y^2 = \frac{\sum_{j=1}^m (y_j - \overline{y})^2}{N}.$$

Poiché $M(X^*) = 0$ e $M(Y^*) = 0$,

$$r = M(X * Y*)$$
$$= M(\frac{(X - \overline{x})}{S_x} * \frac{(Y - \overline{y})}{S_y})$$
$$= M(\frac{(X - \overline{x})(Y - \overline{y})}{\sigma_x * \sigma_y})$$
$$= (\frac{\sigma(X, Y)}{\sigma_x^2 * \sigma_y^2}) = (\frac{\sigma(X, Y)}{\sqrt{\sigma_x \sigma_y}}).$$

Si dimostra che:

$$-1 \leq r \leq 1$$

dove valori di r uguali a ± 1 rappresentano dipendenza lineare perfetta. Con $r = -1$ i punti si dispongono perfettamente lungo una retta con inclinazione negativa. Con $r = +1$ i punti si dispongono perfettamente lungo una retta con inclinazione positiva. $r = 0$ se e solo se $\sigma(X, Y) = 0$, ovvero non c'è nessuna dipendenza lineare (le variabili sono incorrelate).

Se X e Y sono indipendenti, allora $\sigma(X, Y) = 0$ e $r = 0$, ma se $\sigma(X, Y) = 0$ (e quindi $r = 0$) non necessariamente X e Y sono indipendenti.

3.8 Esercizi di riepilogo

3.1. Dato X e Y misurare SMC e Jaccard.

$$X = 1010101010$$

$$Y = 0011001011.$$

3.2. Data la seguenze relazione fra le due variabili, calcolare il coefficiente di correlazione r.

Tabella 3.2. Tabella per l'esercizio 3.2

X	Y
1	0,8
5	2,4
9	5,5

3.3. Dati i punti:

$$A = (10,1), B = (2,3), C = (2,2) \tag{3.1}$$

calcolare

- Mahal(A,B);
- Mahal(A,C);
- Distanza euclidea (A,B);
- Minkowski(A,C);
- Lagrange(A,C).

3.4. Considerare il data set della Tabella 3.3.

Tabella 3.3. Tabella per esercizio 3.4

Dato	X	Y
T1	10	13
T2	3	65
T3	29	44
T4	11	7

Trovare due items che sono

a) correlati positivamente;
b) correlati negativamente;
c) indipendenti.

3.5. Dati i seguenti valori:

$$X = [1, 2, 3, 4, 5, 6]$$
$$Y = [6, 5, 4, 3, 2, 1]$$

calcolare la distanza euclidea.

3.6. Commentare il concetto di metrica e semimetrica.

3.7. Dati i seguenti punti, calcolare la matrice delle distanze euclidee:

$$A_1 = (2, 10), A_2 = (2, 5), A_3 = (8, 4), A_4 = (5, 8)$$
$$A_5 = (7, 5), \quad A_6 = (6, 4), A_7 = (1, 2), A_8 = (4, 9).$$

4

Cluster Analysis

Esplorazione ≫ *Modellazione* ≫ Valutazione

Questo capitolo illustra, l'applicazione degli algoritmi di clustering. I record attraverso diversi algoritmi vengono raggruppati in base a delle analogie o a delle omogeneità. Nel clustering non esistono classi predefinite né tanto meno esempi di appartenenza ad una certa classe. Sta a chi applica l'algoritmo stabilire l'eventuale significato da attribuire ai gruppi che si sono formati.

4.1 Distinzione fra Classificazione e Cluster Analysis

L'apprendimento supervisionato (Classificazione) è una filosofia che punta a realizzare algoritmi in grado di apprendere e di adattarsi, poi, alle mutazioni dell'ambiente. Questa tecnica di programmazione si basa sul presupposto di potere ricevere, dopo aver addestrato un modello, degli stimoli dall'esterno a seconda delle scelte dell'algoritmo. In maniera più formale possiamo definire il problema della classificazione come un procedimento di apprendimento supervisionato.

Consideriamo un problema di classificazione binaria, a partire da uno spazio di input $X \in \mathcal{R}^n$ e uno spazio di output $Y = \{-1; 1\}$ e avendo a disposizione un training set S:

$$S = f(x_1; y_1); \ldots (x_l; y_l) \in (XxY).$$

Scopo della classificazione è apprendere una relazione che leghi X a Y. Nel caso di classificazione questo si traduce in trovare una regola di decisione f che, dato un punto x dello spazio di input X, associ l'etichetta -1 o 1, a seconda della classe di appartenenza.

Le tecniche di apprendimento non supervisionato, invece, mirano ad estrarre in modo automatico da delle basi di dati della conoscenza. Questa conoscenza viene estratta senza una specifica conoscenza dei contenuti che si dovranno analizzare.

Dulli S., Furini S., Peron E.: Data mining. © Springer-Verlag Italia 2009, Milano

I principali algoritmi possono essere suddivisi in:

- clustering;
- regole di associazione.

In questo capitolo ci occuperemo unicamente delle tecniche di clustering.

4.2 Cluster Analysis

Con Cluster Analysis, detta anche analisi dei grappoli, si intende il processo che suddivide un insieme generico di pattern in gruppi di pattern o oggetti simili. Tali metodi si sono sviluppati fin dalla fine del XIX secolo e si valuta che gli algoritmi che sono stati elaborati fino ad oggi siano circa un migliaio. I motivi principali di tanto interesse per questo tipo di algoritmi sono essenzialmente due:

- le tecniche di analisi dei gruppi sono largamente usate nei più svariati campi di ricerca (fisica, scienze sociali, economia, medicina, ecc.), in cui la classificazione dei dati disponibili è un momento essenziale nella ricerca di modelli interpretativi della realtà;
- l'evoluzione degli strumenti di calcolo automatico ha consentito di affrontare senza difficoltà la complessità computazionale che è insita in molti dei metodi di classificazione e che in precedenza aveva spinto i ricercatori ad orientarsi verso quelle tecniche di analisi dei gruppi che erano più facilmente applicabili. Si è resa così possibile la produzione di diversi algoritmi di classificazione, sempre più complessi dal punto di vista computazionale, ma anche sempre più efficienti nel trarre informazioni dai dati attraverso una loro opportuna classificazione.

Le modalità di definizione del processo di clustering si possono suddividere essenzialmente in due:

- secondo Sokal (Sokal, Michener, 1958) consiste nell'aggregare un insieme in unità elementari in modo che la suddivisione risultante goda di alcune proprietà considerate desiderabili;
- per altri studiosi classificare delle unità statistiche significa formare dei gruppi di cluster il più possibile distinti fra loro.

Modificando uno o l'altro di questi procedimenti si possono produrre una gran quantità di metodi diversi dei quali sono state proposte diverse classificazioni, alcune basate sul tipo di algoritmo adottato dal metodo, altre basate sul tipo di risultato da esso fornito.

Una proprietà della Cluster Analysis è che è esaustiva, cioè suddivide in classi tutti i dati presi in considerazione; e mutuamente esclusiva, perché genera delle partizioni sull' insieme originario. Il problema principale del cluster, nei fondamenti dei lavori della statistica multivariata di Pearson [125], Fisher [126, 141], Mahalanobis [112] e Hotelling [122], è quello quindi di individuare delle classi di similarità sui pattern. Il concetto di similarità è legato ad una misura di vicinanza per i pattern rispetto a ogni singola classe.

Partendo da dei dati che indichiamo con F supponiamo di avere a disposizione un vettore n-dimensionale di variabili, X, che rappresentano le misurazioni fatte sull'oggetto da classificare. La classe identifica perciò le caratteristiche di similitudine su F.

4.3 Gli algoritmi di clustering

Una delle esigenze più comuni è quella di raggruppare gli oggetti appartenenti ad un insieme dato, in modo tale da definire dei sottoinsiemi il più possibile omogenei. Eseguire il clustering [148] di un insieme assegnato, contenente oggetti descritti da un insieme di osservazioni, significa individuare gruppi di oggetti tali che (Figura 4.1):

- elementi appartenenti ad un cluster siano omogenei tra loro ovvero simili sulla base delle osservazioni (alta similarità intraclasse);
- elementi appartenenti a cluster diversi siano disomogenei tra loro sulla base delle osservazioni (bassa similarità inter-classe).

La discriminazione degli oggetti avviene valutandone gli attributi in base ad una prestabilita misura di *similarità* o *distanza*.

Gli algoritmi di clustering [91, 113], in linea di massima, possono essere suddivisi in due grandi gruppi: quelli di tipo gerarchico, in cui si procede tipicamente per aggregazione successiva di oggetti, costruendo pertanto delle partizioni successive, e quelli di tipo non gerarchico, in cui si procede ad una partizione dell'insieme originale di oggetti.

Alcuni autori preferiscono utilizzare il termine *clustering* per indicare i soli metodi non gerarchici, riservando il termine *classificazione non supervisionata* per quelli gerarchici. In questa sede, comunque, sarà utilizzato esclusivamente il primo termine, poiché esso è largamente utilizzato e compreso, indipendentemente dal contesto applicativo.

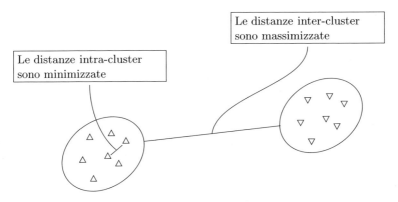

Le distanze inter-cluster sono massimizzate

Le distanze intra-cluster sono minimizzate

Figura 4.1. Distanze intra-cluster e inter-cluster

È importante sottolineare il fatto che una partizione ottenuta mediante un algoritmo di clustering è a tutti gli effetti un descrittore aggiuntivo (e sintetico) dell'insieme di oggetti in esame.

Gli algoritmi di clustering [113, 148] si basano sull'utilizzo di una matrice di similarità (o distanza) fra gli oggetti come base per l'aggregazione di questi ultimi. È importante sottolineare il fatto che la scelta del coefficiente di similarità (o distanza) risulta in molti casi addirittura più determinante di quella dell'algoritmo di clustering ai fini del conseguimento dei risultati. Tale scelta, dunque, deve essere preceduta da una accurata esplorazione dell'informazione disponibile e da una chiara identificazione del tipo di relazione fra gli oggetti che si intende rappresentare.

4.4 Algoritmi partizionativi

Questo tipo di algoritmi permette di suddividere gruppi di oggetti in K partizioni sulla base dei loro attibuti.

4.4.1 Algoritmo K-Means

Questo algoritmo è stato progettato da MacQueen (1967). L'obiettivo che l'algoritmo si propone è di minimizzare la varianza totale inter-cluster. Ogni cluster viene identificato mediante un centroide (detto anche baricentro o punto medio). L'algoritmo segue una procedura iterativa. Inizialmente crea K partizioni e assegna ad ogni partizione i punti d'ingresso o casualmente o usando alcune informazioni euristiche. Quindi calcola il centroide di ogni gruppo. Costruisce quindi una nuova partizione associando ogni punto d'ingresso al cluster il cui centroide è più vicino ad esso. Vengono ricalcolati i centroidi per i nuovi cluster e così via, finché l'algoritmo non converge.

Descrizione formale

Dati N oggetti con i attributi, modellizzati come vettori in uno spazio vettoriale i-dimensionale, definiamo

$$X = \{X_1, X_2, \ldots, X_N\}$$

come insieme degli oggetti. Si definisce partizione degli oggetti il gruppo di insiemi

$$P = \{P_1, P_2, \ldots, P_K\}$$

che soddisfano le seguenti proprietà:

- $\cup_{i=1}^{K} P_i = X$, tutti gli oggetti devono appartenere ad almeno un cluster;
- $\cap_{1=1}^{K} P_i = \emptyset$, ogni oggetto può appartenere ad un solo cluster;
- $\emptyset \subset A_i \subset X$, almeno un oggetto deve appartenere ad un cluster e nessun cluster può contenere tutti gli oggetti.

Ovviamente deve valere anche che $1 < K < N$; non avrebbe infatti interesse cercare un solo cluster, né avere un cluster composto da un solo oggetto. Una partizione viene rappresentata mediante una matrice $U \in \mathbb{N}^{K \times N}$, il cui generico elemento $u_{i,j} \in \{0, 1\}$, indica l'appartenenza dell'oggetto j al cluster i. Indichiamo con $C = C_1, C_2, \ldots, C_K$, l'insieme dei K centroidi. A questo punto definiamo la funzione obiettivo come:

$$V(U,C) = \sum_{i=1}^{K} \sum_{X_j \in P_i} ||X_j - C_i||^2$$

e di questa calcoliamo il minimo seguendo la procedura iterativa vista sopra:

1. genera U_v e C_v casuali;
2. calcola U_n che minimizza $V(U, C_v)$;
3. calcola C_n che minimizza $V(U_v, C)$;
4. se l'algoritmo converge ci si ferma, altrimenti $U_v = U_n$, $C_v = C_n$, e torna al passo 2.

Tipici criteri di convergenza sono i seguenti:

- nessun cambiamento nella matrice U;
- la differenza fra i valori della funzione obiettivo in due iterazioni successive non supera una soglia prefissata.

L'algoritmo 4.1 descrive i passi sopra riportati.

Algoritmo 4.1: K-means

input : insieme di N pattern $\{x_i\}$, numero di cluster desiderato K
output: insieme di K cluster

1 Scegli K pattern come centri $\{c_j\}$ dei cluster;
2 **repeat**
3   Assegna ciascun pattern x_i al cluster P_j che abbia il centro c_j più vicino ad x_i (ovvero quello che minimizza $d(x_i, c_j)$);
4   Ricalcola i centri $\{c_j\}$ dei cluster utilizzando i pattern che appartengono a ciascun cluster (media o centroide);
5 **until** *criterio di convergenza soddisfatto* ;

Valutazione dell'algoritmo

L'algoritmo ha acquistato notorietà dato che converge molto velocemente. Infatti, si è osservato che generalmente il numero di iterazioni sono minori del numero di punti. Comunque, di recente, D.Arthur e S.Vassilvitskii [15] hanno mostrato che esistono certi insiemi di punti per i quali l'algoritmo impiega un tempo superpolinomiale $2^{\Omega(\sqrt{n})}$ a convergere.

In termini di prestazioni l'algoritmo non garantisce il raggiungimento dell'ottimo globale. La qualità della soluzione finale dipende largamente dal set di cluster iniziale e può, in pratica, ottenere una soluzione ben peggiore dell'ottimo globale. Dato che l'algoritmo è estremamente veloce, è comune applicarlo più volte e fra le soluzioni prodotte scegliere quella più soddisfacente.

Un altro svantaggio dell'algoritmo è che esso richiede di scegliere il numero K di cluster da trovare. Se i dati non sono naturalmente partizionati si ottengono risultati strani. Inoltre l'algoritmo funziona bene solo quando sono individuabili cluster sferici nei dati.

Esempio 4.1 (Calcolo di K-Means). Suddividere, tramite l'algoritmo k-means e utilizzado la distanza euclidea, i seguenti otto punti in tre cluster:

$$A_1 = (2, 10),\ A_2 = (2, 5),\ A_3 = (8, 4),\ A_4 = (5, 8),$$
$$A_5 = (7, 5),\ \ A_6 = (6, 4),\ A_7 = (1, 2),\ A_8 = (4, 9).$$

Imponendo che i centri di ogni cluster (*seed*) siano A_1, A_4 e A_7, eseguire un passo dell'algoritmo.

Si chiede:

1. Quali sono i nuovi cluster?
2. Quali sono i centri dei nuovi cluster?
3. Disegnare i punti e i cluster che si sono formati.
4. Quante iterazioni sono necessarie per la convergenza?

Si determina la matrice delle distanze:

	A_1	A_2	A_3	A_4	A_5	A_6	A_7	A_8
A_1	0	$\sqrt{25}$	$\sqrt{36}$	$\sqrt{13}$	$\sqrt{50}$	$\sqrt{52}$	$\sqrt{65}$	$\sqrt{5}$
A_2		0	$\sqrt{37}$	$\sqrt{18}$	$\sqrt{25}$	$\sqrt{17}$	$\sqrt{10}$	$\sqrt{20}$
A_3			0	$\sqrt{25}$	$\sqrt{2}$	$\sqrt{2}$	$\sqrt{53}$	$\sqrt{41}$
A_4				0	$\sqrt{52}$	$\sqrt{2}$	$\sqrt{13}$	$\sqrt{17}$
A_5					0	$\sqrt{2}$	$\sqrt{45}$	$\sqrt{25}$
A_6						0	$\sqrt{29}$	$\sqrt{29}$
A_7							0	$\sqrt{58}$
A_8								0

1. Posto:

$$C_1 = A_1, \qquad C_2 = A_4, \qquad C_3 = A_7,$$

si calcola la distanza minima di ogni punto dai centri iniziali dei tre cluster:

- per il punto A_1:

$$\boxed{\|\overrightarrow{A_1 C_1}\| = 0}, \qquad \|\overrightarrow{A_1 C_2}\| = \sqrt{13}, \qquad \|\overrightarrow{A_1 C_3}\| = \sqrt{65}$$

la distanza minima è $\|\overrightarrow{A_1 C_1}\|$, quindi A_1 è assegnato al cluster P_1;

- per il punto A_2:

$$\|\overrightarrow{A_2C_1}\| = \sqrt{25}, \qquad \|\overrightarrow{A_2C_2}\| = \sqrt{18}, \qquad \boxed{\|\overrightarrow{A_2C_3}\| = \sqrt{10}}$$

la distanza minima è $\|\overrightarrow{A_2C_3}\|$, quindi A_2 è assegnato al cluster P_3;
- per il punto A_3:

$$\|\overrightarrow{A_3C_1}\| = 6, \qquad \boxed{\|\overrightarrow{A_3C_2}\| = 5}, \qquad \|\overrightarrow{A_3C_3}\| = \sqrt{53} \approx 7{,}28$$

la distanza minima è $\|\overrightarrow{A_3C_2}\|$, quindi A_3 è assegnato al cluster P_2;
- per il punto A_4:

$$\|\overrightarrow{A_4C_1}\| = \sqrt{13}, \qquad \boxed{\|\overrightarrow{A_4C_2}\| = 0}, \qquad \|\overrightarrow{A_4C_3}\| = \sqrt{52}$$

la distanza minima è $\|\overrightarrow{A_4C_2}\|$, quindi A_4 è assegnato al cluster P_2;
- per il punto A_5:

$$\|\overrightarrow{A_5C_1}\| = \sqrt{50}, \qquad \boxed{\|\overrightarrow{A_5C_2}\| = \sqrt{13}}, \qquad \|\overrightarrow{A_5C_3}\| = \sqrt{45}$$

la distanza minima è $\|\overrightarrow{A_5C_2}\|$, quindi A_5 è assegnato al cluster P_2;
- per il punto A_6:

$$\|\overrightarrow{A_6C_1}\| = \sqrt{52}, \qquad \boxed{\|\overrightarrow{A_6C_2}\| = \sqrt{17}}, \qquad \|\overrightarrow{A_6C_3}\| = \sqrt{29}$$

la distanza minima è $\|\overrightarrow{A_6C_2}\|$, quindi A_6 è assegnato al cluster P_2;
- per il punto A_7:

$$\|\overrightarrow{A_7C_1}\| = \sqrt{65}, \qquad \|\overrightarrow{A_7C_2}\| = \sqrt{52}, \qquad \boxed{\|\overrightarrow{A_7C_3}\| = 0}$$

la distanza minima è $\|\overrightarrow{A_7C_3}\|$, quindi A_7 è assegnato al cluster P_3;
- per il punto A_8:

$$\boxed{\|\overrightarrow{A_8C_1}\| = \sqrt{5}}, \qquad \|\overrightarrow{A_8C_2}\| = \sqrt{17}, \qquad \|\overrightarrow{A_8C_3}\| = \sqrt{58}$$

la distanza minima è $\|\overrightarrow{A_8C_1}\|$, quindi A_8 è assegnato al cluster P_1.

I nuovi cluster sono:
$$P_1 = \{A_1, A_8\},$$
$$P_2 = \{A_3, A_4, A_5, A_6\},$$
$$P_3 = \{A_2, A_7\}.$$

2. I centri dei nuovi cluster sono:
$$C_1 = (2, 10),$$
$$C_2 = \left(\tfrac{8+5+7+6+4}{5}, \tfrac{4+8+5+4+9}{5}\right) = (6, 6),$$
$$C_3 = \left(\tfrac{2+1}{2}, \tfrac{5+2}{2}\right) = (1{,}5, 3{,}5).$$

3. Si lascia al lettore.

4. Sono necessarie ancora due iterazioni. Nella seconda risulta:

$$P_1 = \{A_1, A_8\},$$
$$P_2 = \{A_3, A_4, A_5, A_6\},$$
$$P_3 = \{A_2, A_7\},$$

con centri:

$$C_1 = (3, 9{,}5),$$
$$C_2 = (6{,}5, 5{,}25),$$
$$C_3 = (1{,}5, 3{,}5).$$

Dopo la terza iterazione risulta:

$$P_1 = \{A_1, A_4, A_8\},$$
$$P_2 = \{A_3, A_5, A_6\},$$
$$P_3 = \{A_2, A_7\},$$

con centri

$$C_1 = (3{,}66, 9),$$
$$C_2 - (7, 4{,}33),$$
$$C_3 = (1{,}5, 3{,}5).$$

4.5 I metodi gerarchici agglomerativi

Genericamente gli algoritmi di clustering agglomerativo lavorano seguendo lo schema qui di seguito riportato:

Algoritmo 4.2: Metodi agglomerativi

---

1 Ogni oggetto viene inizializzato come un cluster
2 Viene calcolata la matrice delle distanze fra i cluster
3 **while** *rimane un unico cluster* **do**
4   Vengono raggruppati i cluster più vicini
5   Viene riaggiornata la matrice delle distanze
6 **end**

A tale scopo possono essere utilizzate diverse definizioni di distanza o similarità. Si rimanda alla Sezione 3.1 nella pagina 37 per ulteriori dettagli. Ad ogni iterazione la matrice delle distanze viene aggiornata, tenendo conto che gli elementi da analizzare sono diminuiti di un'unità, perché l'ultimo elemento è entrato a far parte di un nuovo cluster, per effetto della fusione. È possibile utilizzare diversi criteri per aggiornare la matrice delle distanze. In questa sede si descrivono quattro metodi tra i più semplici e i più utilizzati: il *single link*, il *complete link*, l'*average link*, il *weighted average link* e del *centroide*.

La distanza tra un oggetto x e il cluster ottenuto dall'aggregazione di due cluster A, B nati precedentemente nell'esecuzione dell'algoritmo gerarchico, è di seguito definita in modo ricorsivo per i vari criteri:

- single link:
$$d(x, A \cup B) = \min\{d(x, A), d(x, B)\};$$

- complete link:
$$d(x, A \cup B) = \max\{d(x, A), d(x, B)\};$$

- average link:
$$d(x, A \cup B) = \frac{d(x, A) + d(x, B)}{2};$$

- weighted average link:
$$d(x, A \cup B) = \frac{\|A\|d(x, A) + \|B\|d(x, B)}{\|A\| + \|B\|};$$

dove $\|X\|$ è il numero di elementi di X.

- centroide:
$$d(x, A \cup B) = \frac{d(x, A) + d(x, B)}{2}.$$

I risultati di una procedura di clustering gerarchico possono essere rappresentati in diversi modi, anche se in prevalenza si preferisce utilizzare un *dendrogramma* (Figura 4.2). I legami orizzontali in un dendrogramma vengono chiamati *nodi*,

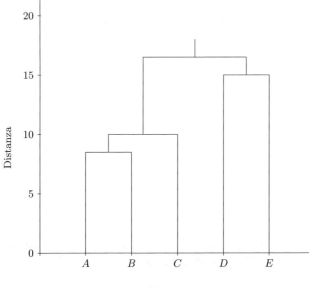

Elementi dei cluster

Figura 4.2. Dendrogramma

mentre le linee verticali sono dette *internodi*. La distanza di un nodo dalla base del dendrogramma è proporzionale alla similarità (o distanza) fra i due oggetti o gruppi di oggetti di cui il nodo rappresenta la fusione. La similarità (o distanza) è di solito riportata su una scala al lato del dendrogramma. La disposizione relativa degli oggetti alla base del dendrogramma è vincolata solo in parte dalla struttura di quest'ultimo e, entro questi limiti, gli oggetti possono essere liberamente riarrangiati. Una proprietà degli algoritmi di clustering agglomerativo è che non si è costretti ad assumere in input il numero dei cluster desiderato perché è ottenibile tagliando il dendogramma al livello appropriato.

In molti casi è utile anche visualizzare l'andamento progressivo delle similarità (o distanze) a cui via via avvengono le fusioni fra oggetti o gruppi di oggetti. Questa rappresentazione è fornita dal diagramma di aggregazione, grazie al quale è possibile individuare facilmente le discontinuità più rilevanti incontrate nella procedura di clustering. Tali discontinuità, in molti casi, possono corrispondere a partizioni naturali dell'insieme di oggetti analizzati e costituiscono un utile riferimento laddove sia necessario ripartire questi ultimi in un certo numero di classi.

4.5.1 AGNES (AGglomerative NESting)

Introdotto da Kaufmann e Rousseeuw (1990)[119], AGNES è un metodo di clustering gerarchico agglomerativo che usa il *single link* per misurare la distanza tra cluster. AGNES fonde i nodi (cluster o oggetti singoli) che hanno minima dissimilarità e procede in modo bottom-up fino ad ottenere un unico cluster finale.

AGNES è descritto nell'algoritmo 4.3.

Algoritmo 4.3: Agglomerative Nesting

---

  input : D, insieme di elementi
       A, matrice delle similarità
  output: DE, dendrogramma

1 $d = 0$;
  /* livelli di distanza per il dendrogramma   */
2 $k = n$;
3 $K = \{\{t_1\}, \ldots, \{t_n\}\}$;
4 $DE = (d, k, K)$; /* dendrogramma   */
5 **repeat**
6     $old_k = k$;
7     $d = d + 1$;
8     $A_d =$ nuovi 2 cluster individuati come simili
9     $\{k, K\} = \text{NewCluster}(A_d, D)$ aggiungo
10   **if** $old_k \neq k$ **then**
11        $DE = DE \cup \{d, k, K\}$;
12   **end**
13 **until** $k = 1$ *o criterio di convergenza* ;
14 **return** DE;

Esempio 4.2 (Calcolo AGNES).

	A	B	C	D	E
A	0	1	2	2	3
B	1	0	2	4	3
C	2	2	0	1	5
D	2	4	1	0	3
E	3	3	5	3	0

Per $d = 1$:
$A \cup B$
$C \cup D$

Ricalcolo la matrice delle distanze

	AB	CD	E
AB	0	2	3
CD	2	0	3
E	3	3	0

Per $d = 2$:

$(A \cup B) \cup (C \cup D)$

	ABCD	E
ABCD	0	3
E	3	0

Per $d = 3$:

$(ABCD) \cup (E)$.

4.5.2 DIANA (DIvisive ANAlysis)

Introdotto da Kaufmann e Rousseeuw (1990)[119], lavora in modo inverso rispetto all'AGNES. Inizialmente tutti gli oggetti sono collocati in un unico cluster. Questo viene in seguito suddiviso ripetutamente fino ad avere tutti cluster con un unico elemento. Ad ogni passo, viene scelto il cluster con il diametro massimo (quello che ha la massima dissimilarità tra qualsiasi coppia di suoi oggetti). Per dividere il cluster selezionato, l'algoritmo cerca inizialmente gli oggetti che hanno la massima dissimilarità media rispetto agli altri oggetti del cluster. Questo oggetto costituisce il primo elemento del nuovo cluster. L'algoritmo passa quindi a riassegnare gli altri oggetti che sono più vicini al nuovo cluster rispetto al vecchio, finché si ottengono due cluster.

DIANA è descritto nell'algoritmo 4.4.

Algoritmo 4.4: Divisive Analysis

---

1 Tutti gli elementi sono associati ad un unico cluster
2 **while** *!(ogni cluster contiene un unico elemento)* **do**
3   scegli il cluster con il massimo diametro
4   **if** $d(i, A) \geq d(i, B)$ **then**
5   Crea la matrice di dissimilarità
6   Trova la massima distanza
7   **end**
8 **end**

4.6 Clustering basato sulla densità

4.6.1 DBSCAN

DBSCAN (Density Based Spatial Clustering of Application with Noise) [90] è il primo algoritmo a usare una nozione di densità. L'idea di base è che ogni pattern di un cluster deve avere nelle sue vicinanze almeno un certo numero di altri pattern, vale a dire che la densità nelle vicinanze del pattern considerato deve superare una certa soglia.

La forma di questa zona intorno al pattern dipende dal tipo di funzione distanza scelta. Non vi è infatti una predeterminata funzione distanza da utilizzare, ma può essere scelta dipendentemente dall'applicazione. In merito all'indipendenza dell'algoritmo dalla funzione distanza, è da notare che gli autori nella loro trattazione si riferiscono a punti, richiamando quindi implicitamente l'idea di uno spazio vettoriale; d'altronde l'algoritmo era stato sviluppato per trattare database spaziali. Tuttavia DBSCAN è una tecnica generale che può essere applicata a tutti i dati metrici, cioè a pattern di qualunque natura, purché fra essi sia definita una funzione distanza rispettante i quattro assiomi della metrica (si veda la Sezione 3.1 nella pagina 37).

Per non perdere questa generalità, e per uniformità con la terminologia sin qui utilizzata, si farà in seguito sempre riferimento in questo paragrafo al termine pattern piuttosto che a punti, mantenendo invece le definizioni originali dell'algoritmo di core point e border point.

Questi tipi di algoritmi non richiedono nessuna ipotesi sulla formulazione delle classi. Il concetto intuitivo di densità parte dalla considerazione che ogni punto del

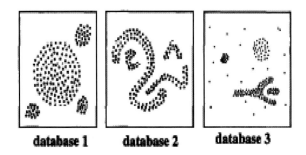

database 1   **database 2**   **database 3**

Figura 4.3. Tipologia di pattern da utilizzare con DBSCAN

cluster deve essere sufficientemente vicino al suo centro. Nel seguito verranno date le definizioni formali di raggiungibilità e di vicinanza che permetteranno di individuare un cluster e l'appartenenza di un punto p ad un cluster e la formulazione un algoritmo risolutivo generale.

Questo algoritmo intuitivamente lavora meglio nell'esempio di Figura 4.3 e la ragione per cui è stato costruito un algoritmo di clustering è che all'interno di ogni cluster si ha una densità di punti che è più alta rispetto a quelli considerati fuori. Quindi il primo concetto necessario per definire l'algoritmo è il concetto di densità che gli autori definiscono come l'insieme dei pattern vicini ad un pattern p. Viene definita una misura ε di vicinanza (neighborhood) di un punto p, denotando come simili i punti che hanno una misura di vicinanza $N_\varepsilon(p)$ a p i punti che godono della seguente proprietà

$$N_\varepsilon(p) = \{x : d(x, p) \leq \varepsilon\}, \tag{4.1}$$

dove la distanza di un punto p da x è minore della misura di vicinanza ε. Tuttavia questo approccio sarebbe semplicistico, poiché occorre discernere fra i pattern che sono all'interno del cluster definiti core point e quelli che sono ai margini, definiti border point. Questa misura è difficile da controllare perché: se ε è troppo piccolo non ci sono risultati; se ε è troppo grande il tutto va a finire in un unico cluster. Oltre a ε che misura la distanza dei punti, deve essere inoltre definito un nuovo parametro, min_{Pts}, che misura il numero di punti nel cluster in $N_\varepsilon(p)$. Questa definizione è debole nel considerare la differenza fra due tipi di punti nel cluster i punti interni (core points) e i punti sul bordo del cluster (border points) perché deve preoccuparsi di raccogliere il maggior numero possibile di punti in maniera di raccogliere tutti i punti all'interno di uno stesso cluster definendo per i punti del bordo un valore minimo possibile in maniera tale da differenziarli dal rumore.

Definizione 4.3 (Core point o punto interno). *Un punto p è un core point o punto interno se nel suo intorno di raggio ε sono presenti almeno min_{Pts} punti:*

$$\|N_\varepsilon(q)\| \geq min_{Pts}. \tag{4.2}$$

Definizione 4.4 (Raggiungibilità diretta). *Il punto p è direttamente raggiungibile dal punto q, relativamente ai parametri ε e min_{Pts}, se:*

1. $p \in N_\varepsilon(q)$;
2. $N_\varepsilon(q) \geq min_{Pts}$ *(q è un core point).*

La relazione di raggiungibilità diretta è simmetrica per una coppia di punti interni, ma non lo è in generale. Infatti non vale fra un punto di frontiera e un punto interno (per definizione un punto di frontiera non soddisfa la condizione di punto interno).

Definizione 4.5 (Raggiungibilità). *Il punto p è raggiungibile dal punto q se esiste una catena di punti $p_1, \ldots, p_n$, con $p_1 = q$ e $p_n = p$, tale che p_{i+1} sia direttamente raggiungibile da p_i.*

Questa relazione è transitiva ma non simmetrica ed è un' estensione della precedente definizione.

Definizione 4.6 (Connessione). *Il punto p è connesso al punto q relativemente ai parametri ε e Min_{Pts} se esiste un punto o tale che p e q siano raggiungibili da o relativemente agli stessi parametri ε e Min_{Pts}.*

Questa relazione è riflessiva e simmetrica. Nella Figura 4.4 è illustrata la differenza fra raggiungibilità e connessione. Ora possiamo dare una definizione di cluster appropriata per questo algoritmo.

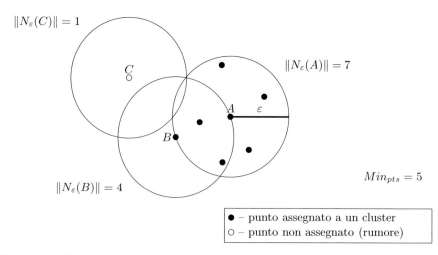

Figura 4.4. Esempio di output prodotto da DBSCAN. A è un punto interno, B un punto di frontiera e C rumore

Definizione 4.7 (Cluster). *Dato un database D e le misure ε, Min_{Pts}, un cluster C è l'insieme non vuoto in cui valgono le seguenti proprietà:*

1. *$\forall p, q$: se $p \in C$ e q è raggiungibile da p (centro), allora $q \in C$ (massimalità);*
2. *$\forall p, q \in C$, p è connesso a q (connettività).*

Un cluster è quindi un insieme in cui risulta massimale l'operazione di connettività sui punti. Da qui ne discende che il rumore è definito come i punti che non appartengono a nessun cluster.

Definizione 4.8 (Rumore). *Dati i cluster $C_1, \ldots, C_k$ del database D relativamente ai parametri min_{Pts} e ε, rumore è l'insieme di punti di D che non appartengono a nessun cluster: rumore $= \{p \in D \mid \forall i : p \notin C_i\}$.*

Teorema 4.9. *Sia p un punto di D e $\|N_\varepsilon(p)\| \geq Min_{Pts}$, allora l'insieme $O = \{o \mid o \in D \wedge$ è raggiungibile da p, relativamente ai parametri ε e $Min_{Pts}\}$ è un cluster relativamente ai parametri ε e Min_{Pts}.*

Teorema 4.10. *Sia C un cluster relativamente ai parametri ε e Min_{Pst}, e p un punto di C tale che $\|N_\varepsilon(p)\| \geq Min_{Pts}$, allora C coincide con l'insieme $O = \{o \mid o \in D \wedge o$ è raggiungibile da p, relativamente ai parametri ε e $Min_{Pts}\}$.*

Algoritmo 4.5: DBSCAN

    input : D insieme dei punti

           ϵ

           N_{min}

    output: partizione in cluster di D

1 CId=next(Id);
2 **foreach** $p \in D$ **do**
3   **if** p non è stato assegnato a nessun cluster **then**
4   **if** *expand(D, p, CId, ϵ, N_{min})* **then**
5   CId=next(Id);
6   **end**
7   **end**
8 **end**

Algoritmo 4.6: DBSCAN: expand

    input : D insieme dei punti

           p

           Cid

           ϵ

           N_{min}

    output: boolean

```
 1  seeds=D.query(p, ε);
 2  if ‖seeds‖ < N_min then
 3      p.C=Noise;
 4      return false;
 5  end
 6  foreach q ∈ seeds do
 7      q.C=CId;
 8  end
 9  seeds.Remove(p);
10  while ‖seeds‖ > 0 do
11      p=seeds.RemoveHead();
12      R=D.query(p,ε);
13      if ‖R‖ ≥ N_min then
14          while ‖R‖ > 0 do
15              q=R.RemoveHead();
16              if q.C== then
17                  seeds.Append(q);
18                  q.C=CId;
19              end
20              if q.C==Noise then
21                  q.C=CId;
22              end
23          end
24      end
25  end
26  return true;
```

Esempio 4.11 (Applicazione dell'algoritmo DBSCAN). Dati i punti:

$$A = (1,1),\ B = (1,2),\ C = (2,1),\ D = (1,0),\ E = (4,1),$$
$$F = (5,1),\ G = (4,2),\ H = (5,2),\ I = (3,6),\ \ J = (6,6)$$

e $\varepsilon = 1$, $min_{pts} = 4$, trovare i cluster corrispondenti con l'algoritmo DBSCAN (utilizzare la distanza euclidea).
Elaborando i punti nell'ordine dato, si ha:

1. $N_1(A) = \{A, B, C, D\}$ e $\|N_1(A)\| = 4 \geq min_{pts}$. Il cluster di punti raggiungibili da A è quindi $P_1 = \{A, B, C, D\}$.
2. Si saltano B, C, D perché sono già stati classificati.
3. Si prosegue con E: $N_1(E) = \{E, F, G, H\}$, $\|N_1(E)\| = 4 \geq min_{pts}$. Il cluster di punti raggiungibili da E è quindi $P_2 = \{E, F, G, H\}$.
4. Si saltano F, G, H perché sono già stati classificati.
5. Si prosegue con I: $N_1(I) = \{I\}$, $\|N_1(I)\| = 1 < min_{pts}$. I rimane non assegnato.
6. Si prosegue con J: $N_1(J) = \{J\}$, $\|N_1(J)\| = 1 < min_{pts}$. J rimane non assegnato.

I cluster determinati sono $P_1 = \{A, B, C, D\}$ e $P_2 = \{E, F, G, H\}$, mentre il rumore (o gli outlier) è $P_{rumore} = \{I, J\}$.

4.6.2 Complessità dell'algoritmo DBSCAN

La complessità computazionale, come si può vedere dal codice sopra riportato, è data da una scansione dell'intero database, quindi $O(n)$, a cui si deve aggiungere la complessità della region query che deve essere eseguita, nel caso peggiore, per ogni punto. Il problema quindi consiste nel potere risolvere in modo efficiente questa query, evitando di dovere eseguire ogni volta una scansione totale del database, soluzione che porterebbe la complessità globale dell'algoritmo a $O(n^2)$. A questo scopo gli autori sono ricorsi a R^*-tree, una struttura d'accesso per dati spaziali ad albero paginato e bilanciato, quindi con altezza logaritmica nel numero n di elementi del database. Dal momento che una region query attraverserà tipicamente pochi percorsi dell'albero, visto che l'insieme N_ε sarà molto piccolo rispetto a n, la sua complessità è stimabile mediamente in $O(\log n)$. Ciò comporta una complessità globale per l'intero algoritmo pari a $O(n \log n)$ che consente una buona scalabilità nei confronti delle dimensioni del data set.

4.6.3 I parametri dell'algoritmo

In merito a DBSCAN bisogna osservare come, a differenza degli algoritmi partizionanti, non richieda a priori il numero di cluster da ricercare e nemmeno dei pattern iniziali dai quali fare partire la ricerca. Tuttavia devono essere fissati i parametri ε e Min_{Pts}. La loro scelta risulta cruciale poiché è dal loro valore che dipenderà se un gruppo di punti è da considerarsi cluster oppure semplicemente rumore. Il problema non è affatto di poco conto, ed è tanto maggiore quanto più sono scarse le informazioni di cui si dispone sui dati da elaborare. Gli autori a tale proposito forniscono un'euristica che può risultare sufficientemente valida, altrimenti occorre ricorrere ad una messa a punto per tentativi che non sempre può essere praticabile.

4.7 Esercizi di riepilogo

4.1. Si risponda alle seguenti domande:

1. Cosa si intende per Cluster Analysis?
2. Qual è la differenza rispetto alla classificazione?
3. È possibile definire un criterio oggettivo della verifica della bontà dell'analisi dei cluster?
4. Indicare cosa rappresenta un dendrogramma.

4.2. Assumendo $\varepsilon = \sqrt{2}$, $min_{pts} = 2$ ed utilizzando la distanza euclidea trovare i clusters basati sulla densità dei punti seguenti:

$$A = (5,8),\ B = (6,7),\ C = (6,5),\ D = (2,4),\ E = (3,4),$$
$$F = (5,4),\ G = (7,4),\ H = (9,4),\ I = (3,3),\ J = (8,2). \tag{4.3}$$

4.3. Dato $\varepsilon = 2$ e $min_{pts} = 2$, indicare quali sono i cluster che DBSCAN può scoprire partendo dai punti di $\mathbf{R}^2$ dell'esempio:

$$A_1 = (2,10),\ A_2 = (2,5),\ A_3 = (8,4),\ A_4 = (5,8),$$
$$A_5 = (7,5),\quad A_6 = (6,4),\ A_7 = (1,2),\ A_8 = (4,9). \tag{4.4}$$

(La matrice delle distanze è la stessa degli altri esercizi.)

(a) Qual è N_2 di ogni punto?
(b) Cosa succede se si pone $\varepsilon = \sqrt{10}$?

4.4. Si consideri l'applicazione del metodo K-means con due cluster A e B, i cui punti sono rispettivamente: in A (22, 21), (19, 20), (18, 22), in B (1,4), (4,1). Dopo aver introdotto l'algoritmo, si calcolino i centroidi di A e di B.

4.5. L'algoritmo delle K-means è un algoritmo che appartiene alla classe

1. di analisi gerarchica;
2. di analisi non gerarchica;
3. agglomerativa;
4. divisiva;
5. partizione;
6. sovrapposte.

4.6. Completare la risposta. Nel metodo delle K-means, per iniziare l'algoritmo sono necessari ...

4.7. In quale contesto si parla di centroidi? Calcolare i centroidi significa...

4.8. Data una matrice delle distanze per 4 tipi di transazioni che chiameremo A, B, C e D:

	A	B	C	D
A	0	1	9	11
B	1	0	1	9
C	9	1	0	23
D	11	9	23	0

1. In cosa consiste il primo passo dell'applicazione del clustering gerarchico?
2. Eseguire il passo successivo col metodo del legame completo.

4.9. I metodi del legame completo, del legame singolo, del legame medio, del centroide, si usano per calcolare ...

4.10. Nel metodo delle k means, per iniziare l'algoritmo sono necessari...

4.11. Descrivere brevemente i seguenti approcci dei diversi metodi di clustering: partizionativo, basato sulla densità e i metodi gerarchici. Fare qualche esempio per ogni caso.

5

Metodi di classificazione

Esplorazione ≫ *Modellazione* ≫ Valutazione

In questo capitolo illustriamo, l'applicazione degli algoritmi di classificazione. Per classificazione si intende l'assegnazione di un nuovo oggetto a una classe predefinita dopo averne esaminato le caratteristiche.

5.1 Alberi di decisione

Gli alberi di decisione costituiscono il modo più semplice di classificare degli oggetti o pattern in un numero finito di classi. Il principio è la costruzione di un albero, dove i sottoinsiemi (di record) vengono chiamati nodi e quelli finali, foglie.

In particolare, i nodi sono etichettati con il nome degli attributi, gli archi (i rami dell'albero) sono etichettati con i possibili valori dell'attributo. Un oggetto è classificato seguendo un percorso lungo l'albero che porti dalla radice ad una foglia. I percorsi sono rappresentati dai rami dell'albero che forniscono una serie di regole.

A tale scopo, consideriamo un problema di classificazione con sole due classi, $+$ e $-$, e sia S l'insieme di record attraverso i quali dobbiamo creare un albero di decisione. Se indichiamo con P_+ la percentuale di esempi classificati con $+$ e con P_- la percentuale di esempi classificati con $-$, si definisce entropia di S, $H(S)$, l'espressione:

$$H(S) = -P_+ \log_2 P_+ - P_- \log_2 P_-. \tag{5.1}$$

Dal grafico di Figura 5.1 si evidenzia come $0 \leq H(S) \leq 1$ ed in particolare $H(S) = 0$ nel caso in cui $P_+ = 100\%$ o $P_- = 100\%$, ovvero nei casi in cui la totalità degli esempi è classificata in una sola delle due classi. D'altro canto $H(S) = 1$ nel caso in cui $P_+ = 50\%$ e conseguentemente $P_- = 50\%$, ovvero nel caso in cui gli esempi sono esattamente divisi nelle due classi.

Dulli S., Furini S., Peron E.: Data mining. © Springer-Verlag Italia 2009, Milano

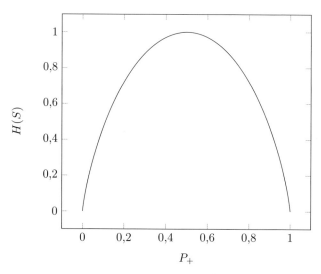

Figura 5.1. Entropia di S

Esempio 5.1 (Calcolo dell'entropia). Consideriamo ad esempio se scegliere il problema + oppure no. Si dispone di 14 esempi, 9 positivi e 5 negativi. L'entropia di S è:

$$H(S) = -(9/14)\log_2(9/14) - (5/14)\log_2(5/14) = 0{,}940.$$

In generale, se i record sono classificati in c classi, l'entropia si definisce come:

$$H(S) = -\sum_{i=1}^{c} P_i \log_2 P_i. \tag{5.2}$$

L'entropia è una misura dell'ordine dello spazio dei record che si considerano per la costruzione degli alberi di decisione. Un valore elevato di entropia esprime il disordine che caratterizza lo spazio dei record, ovvero una maggiore difficoltà nell'assegnare ciascun record alla propria classe sulla base degli attributi che caratterizzano la classe: più l'entropia è alta, meno informazione abbiamo sull'attributo classe. In generale, partendo da una situazione di massimo disordine in cui $H(S) = 1$ o da un qualunque valore elevato di entropia, una partizione dei record effettuata rispetto ad un certo attributo A porterebbe ad un nuovo valore $H_0(S)$, tale che risulta $H_0(S) \leq H(S)$ e quindi ad una diminuzione di entropia. In tale ambito rientra il concetto di *information gain*, definito come la diminuzione di entropia che si ottiene partizionando i dati rispetto ad un certo attributo.

Se indichiamo con $H(S)$ il valore iniziale di entropia e con $H(S, A)$ il valore dell'entropia dopo aver partizionato i record con l'attributo A, l'*information gain*, che indicheremo con G, è dato da:

$$G = H(S) - H(S, A). \tag{5.3}$$

Tale quantità è tanto maggiore quanto più elevata è la diminuzione di entropia dopo aver partizionato i dati con l'attributo A. Dunque un criterio di scelta dei nodi di un eventuale albero di classificazione consiste nello scegliere di volta in volta l'attributo A che dà una maggiore diminuzione di entropia o che analogamente massimizza *l'information gain*. L'information gain ha valori molto elevati in corrispondenza di attributi che sono fortemente informativi e che quindi aiutano ad identificare con buona probabilità la classe di appartenenza dei record.

Spesso, però, più gli attributi sono informativi, più perdono di generalità; ad esempio, nel database di una compagnia telefonica, il campo codice fiscale è altamente informativo, ha dunque un alto valore di information gain, dal momento che identifica con certezza l'utente, ma non è per nulla generalizzabile. L'ideale è dunque individuare campi altamente informativi con un buon grado di generalizzazione.

Esempio 5.2 (Calcolo dell'information gain di un attributo). Calcoliamo l'information gain relativo ad un attributo A che assume i valori $\{0, 1\}$. Per $A = 0$, $S_{A=0}$ è composto da 6 record appartenenti alla classe $+$ e da 2 record appartenenti alla classe $-$. Usando la notazione $[n_1, n_2, \ldots, n_c]$ per indicare un insieme di record diviso in c classi con rispettivamente $n_1, n_2, \ldots, n_c$ elementi, si ha:

$$S_{A=0} = [6, 2].$$

Per $A = 1$ si ha inoltre:

$$S_{A=1} = [3, 3].$$

Risulta quindi:

$$\begin{aligned}
S &= [9, 5] &\Rightarrow H(S) &= -9/14 \log_2(9/14) - 5/14 \log_2(5/14) = 0{,}940 \\
S_{A=0} &= [6, 2] &\Rightarrow H(S_{A=0}) &= -6/8 \log_2(6/8) - 2/8 \log_2(2/8) = 0{,}811 \\
S_{A=1} &= [3, 3] &\Rightarrow H(S_{A=1}) &= -3/6 \log_2(3/6) - 3/6 \log_2(3/6) = 1.
\end{aligned}$$

L'information gain Δ_{info} risulta pertanto:

$$\Delta_{info} = H(S) - (8/14 H(S_{A=0}) + 6/14 H(S_{A=1})) = 0{,}048.$$

5.1.1 Algoritmo ID3

La costruzione di un albero di classificazione, detta anche generazione, avviene attraverso un procedimento ricorsivo, in cui ad ogni passo ci si basa su euristiche o misure statistiche, per determinare l'attributo da inserire in un nodo.

Questo algoritmo è un algoritmo greedy e lavora su attributi di tipo nominale. Per poter essere elaborati, eventuali attributi di tipo continuo devono essere preventivamente discretizzati. Riassumendo, per la costruzione di un albero di classificazione sono necessarie le seguenti fasi: l'approccio top-down, ed utilizzando la tecnica *divide et impera* costruisce ricorsivamente il classificatore. I concetti base dell'algoritmo sono i seguenti:

- L'albero inizia con un nodo rappresentante il training sample (passo 1).
- Se le istanze appartengono tutte alla stessa classe, allora il nodo diviene una sola foglia etichettata con la classe alla quale appartengono tutte le istanze o samples (passi 2-5).
- In caso contrario l'algoritmo utilizza una misura basata sull'entropia, l'information gain, come euristica al fine di selezionare l'attributo che meglio separerà i samples in classi individuali. Tale attributo diventa il decision-attribute.
- Un arco viene creato per ogni valore conosciuto dal test-attribute e l'insieme dei samples viene partizionato.
- L'algoritmo usa lo stesso processo ricorsivamente, per formare un albero di decisione, richiamato sui i samples di ogni partizione ed escludendo dall'insieme degli attributi quello utilizzato nello split corrente.
- La ricorsione si ferma in una delle seguente condizioni:
  - tutti i samples di un dato nodo appartengono alla stessa classe;
  - non ci sono ulteriori attributi in cui suddividere ulteriormente i samples;
  - non ci sono samples per l'arco etichettato come *test attribute*.

Algoritmo 5.1: Generazione di un albero di decisione

---

input : *samples,attribute list*
output: *decision tree*

1 crea un nodo N
2 **if** *samples sono tutti nella stessa classe C*
3 **then**
4   return N come foglia etichettata con la classe C
5 **end**
6 **if** *attributi sono vuoti* **then**
7   return N come foglia etichettata con la classe più comune
8 **end**
9 seleziona l'attributo con miglior information gain
10 etichetta il nodo N con $test - attribute$
11 **for** *valore conosciuto a_i dell'attributo* **do**
12   costruisci un arco dal nodo N per la condizione attributo $= a_i$
13     $s_i=$ insieme delle tuple nel training che soddisfano la condizione a_i
14   **if** s_i *è vuoto* **then**
15   attacca una foglia etichettata con la classe più comune
16   **else**
17   attacca il nodo ritornato da
        Genera un albero di decisione$(s_i, attribute\ list)$
18   **end**
19 **end**

5.1.2 Tipi di attributi

Nella generazione del partizionamento dell'albero sono possibili degli split che dipendono dal tipo di variabile.

I diversi possibili test sono:

- attributo discreto o nominale, dove è possibile un risultato per ogni valore;
- attributo discreto o nominale, dove è possibile un risultato per ogni gruppo di valori;
- attributo continuo (cardinale), due possibili risultati.

Se la variabile A da partizionare è cardinale, in sostanza numerica, si usano ugualmente uno o più tagli. Ad esempio una variabile che rappresenta importi di reddito può essere suddivisa in: $20\,000 \leq$ reddito $< 30\,000$, $30\,000 \leq$ reddito $< 40\,000$ e reddito $\geq 40\,000$.

Se la variabile da partizionare è nominale, cioè se può assumere valori discreti e non ordinati (ad esempio il suo dominio è {vero, falso}, oppure {rosso, verde, blu}), allora la partizione avviene suddividendo il dominio in sottoinsiemi qualsiasi, in pratica spesso in singoli valori.

Se la variabile da partizionare è ordinale, cioè può assumere valori discreti e ordinati (p.e. il suo dominio è quello delle possibili taglie: {S, M, L, XL, XXL}), allora la partizione avviene inserendo uno o più tagli nell'ordinamento, p.e. {S, M, L} e {XL, XXL}. In ogni caso per avere un approccio matematico sarebbe indicato fare un test su tutti i possibili partizionamenti e scegliere il migliore.

Esempio 5.3 (Scelta dell'attributo di split). Dato il training set S costituito da 14 record così ripartiti: $S = [9_+, 5_-]$; descritti dagli attributi umidità {alta, normale} e vento: {debole, forte}, determinare quale attributo presenta il miglior information gain, sapendo che gli attributi ripartiscono il training set nel modo seguente:

$$S_{umidità=alta} = [3_+, 4_-]$$
$$S_{umidità=normale} = [6_+, 1_-]$$
$$S_{vento=debole} = [6_+, 2_-]$$
$$S_{vento=forte} = [3_+, 3_-].$$

L'entropia del training set è $H(S) = -9/14 \log(9/14) - 5/14 \log(5/14) = 0{,}940$. L'information gain relativo all'attributo umidità è il seguente:

$$H(S_{umidità=alta}) = 0{,}985$$
$$H(S_{umidità=norm}) = 0{,}592$$
$$\Delta_{info} = 0{,}940 - (7/14 \cdot 0{,}985 + 7/14 \cdot 0{,}592) = 0{,}52.$$

L'information gain relativo all'attributo vento è il seguente:

$$H(S_{vento=weak}) = 0{,}811$$
$$H(S_{vento=forte}) = 1$$
$$\Delta_{info} = 0{,}940 - (8/14 \cdot 0{,}811 + 6/14 \cdot 1) = 0{,}048.$$

L'attributo migliore per effettuare lo split del trining set è quindi l'umidità.

Esempio 5.4 (Costruzione di un albero di decisione). Dato il training set riportato in Tabella 5.1 (dati relativi a studenti), determinare l'albero di decisione che classifica gli studenti nelle classi bocciato $(-)$ e promosso $(+)$. Gli attributi sono: la media (A: media > 27; B: $22 \leq$ media ≤ 27; C: media > 22); età (D: età ≤ 22; E: età > 22); conoscenza dell'esito dell'esame (sì, no); sesso (F: femmina; M: maschio).

Tabella 5.1. Training set per l'esempio 5.4

Id	Media	Età	Conoscenza esito	Sesso	Classe
1	A	D	Sì	F	+
2	B	D	Sì	M	+
3	A	E	No	F	+
4	C	E	Sì	M	+
5	C	E	No	M	−
6	C	E	No	F	−

Si determini l'attributo con il migliore information gain con il quale suddividere il training set.

- L'entropia del training set è la seguente:

$$S = \{1_+, 2_+, 3_+, 4_+, 5_-, 6_-\} = [4, 2] \Rightarrow H(S) = 0{,}918.$$

- Calcolo dell'information gain relativo alla media.

$$S_{media=A} = \{1_+, 3_+\} = [2, 0] \qquad \Rightarrow \qquad H(S_{media=A}) = 0$$
$$S_{media=B,C} = \{2_+, 4_+, 5_-, 6_-\} = [2, 2] \Rightarrow H(S_{media=B,C}) = 1$$
$$\Delta_{info} = H(S) - (2/6 H(S_{media=A}) + 4/6 H(S_{media=B,C})) = 0{,}251.$$

- Calcolo dell'information gain relativo all'età.

$$S_{età=D} = \{1_+, 2_+\} = [2, 0] \qquad \Rightarrow \quad H(S_{età=D}) = 0$$
$$S_{età=E} = \{3_+, 4_+, 5_-, 6_-\} = [2, 2] \Rightarrow \quad H(S_{età=E}) = 1$$
$$\Delta_{info} = H(S) - (2/6 H(S_{età=D}) + 4/6 H(S_{età=E})) = 0{,}251.$$

- Calcolo dell'information gain relativo alla conoscenza dell'esito.

$$S_{c\_BP=sì} = \{1_+, 2_+, 4_+\} = [3, 0] \Rightarrow \quad H(S_{c\_BP=sì}) = 0$$
$$S_{c\_BP=no} = \{3_+, 5_-, 6_-\} = [1, 2] \Rightarrow \quad H(S_{c\_BP=no}) = 0{,}918$$
$$\Delta_{info} = H(S) - (3/6 H(S_{c\_BP=sì}) + 3/6 H(S_{c\_BP=no})) = \boxed{0{,}459}.$$

- Calcolo dell'information gain relativo al sesso.

$$S_{sesso=F} = \{1_+, 3_+, 6_-\} = [2, 1] \Rightarrow \quad H(S_{sesso=F}) = 0{,}918$$
$$S_{sesso=M} = \{2_+, 4_+, 5_-\} = [2, 1] \Rightarrow \quad H(S_{sesso=M}) = 0{,}918$$
$$\Delta_{info} = H(S) - (3/6 H(S_{sesso=F}) + 3/6 H(S_{sesso=M})) = 0.$$

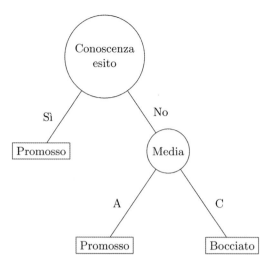

Figura 5.2. Albero di decisione dell'esempio 5.4

L'attributo con il massimo information gain è Conoscenza esito, pertanto l'albero al primo livello divide l'insieme S in $\{1_+, 2_+, 4_+\}$ e $\{3_+, 5_-, 6_-\}$. Avendo il primo insieme elementi tutti appartenenti alla stessa classe è anche una foglia dell'albero.

- La costruzione dell'albero prosegue considerando il secondo insieme come training set.

$$S = \{3_+, 5_-, 6_-\} = [1, 2] \Rightarrow H(S) = 0{,}918.$$

- Calcolo dell'information gain relativo alla media.

$$
\begin{aligned}
S_{media=A} &= \{3_+\} = [1, 0] &&\Rightarrow && H(S_{media=A}) = 0 \\
S_{media=C} &= \{5_-, 6_-\} = [0, 2] &&\Rightarrow && H(S_{media=C}) = 0 \\
\Delta_{info} &= H(S) - (1/3 H(S_{media=A}) + 2/3 H(S_{media=C})) = \boxed{0{,}918}.
\end{aligned}
$$

La media fornisce il massimo information gain possibile. L'albero divide il training set in $\{3_+\}$ e $\{5_-, 6_-\}$, entrambi con elementi omogenei rispetto alla classificazione. Si hanno quindi due foglie e la costruzione dell'albero è conclusa. Il risultato è mostrato nella Figura 5.2.

5.1.3 Algoritmo C4.5

L'algoritmo C4.5 è una estensione dell'algoritmo ID3 [136]. C4.5 compie una ricerca hill-climbing attraverso l'insieme di tutti i possibili alberi di decisione partendo dall'ipotesi più semplice e cercandone una più complessa. C4.5 costruisce l'albero di decisione partendo da un training set allo stesso modo dell'ID3.

Rispetto all'ID3, il C4.5 presenta diversi miglioramenti.

- Manipolazione sia di attributi continui che di discreti, Al fine di gestire attributi continui, C4.5 crea una soglia e poi si divide l'elenco in quelli il cui valore è al di sopra della soglia e quelli che sono pari o inferiore ad esso [137].
- Manipolazione di dati mancanti sui valori degli attributi. L'attributo con i valori mancanti è semplicemente non utilizzato nel guadagno e di entropia nei calcoli.
- Manipolazione di attributi con costi differenti.
- Potatura alberi dopo la creazione. C4.5 risale attraverso l'albero una volta che è stato creato e rimuovere i rami che non aiutano la comprensione dell'albero.

5.1.4 Potatura di un albero di decisione

Un approccio molto seguito nella costruzione di un albero di decisione è quello di generare inizialmente l'albero dal training set e in seguito effettuare una potatura. Lo scopo della potatura consiste nell'eliminare il sovradattamento, cioè quegli aspetti del training set che difficilmente si possono generalizzare a record non appartenenti al training set.

La potatura consiste nel sostiture alcuni nodi interni dell'albero con delle foglie e nel rimuovere le parti dell'albero che sono diventate irragiungibili dalla radice. Numerosi metodi euristici sono stati proposti in letteratura [89, 128, 135] insieme ad altri più analitici [120].

Tra i metodi proposti viene illustrato il Reduced Error Pruning.

- Si considera ogni nodo ν di un albero di decisione.
- Si rimuove il sottoalbero avente per radice il nodo ν, rendendolo in tal modo una foglia dell'albero più generale.
- Si assegna ad ν la classificazione più probabile del sottoinsieme di esempi affiliati al nodo.
- Si misura l'accuratezza su training set dell'albero non potato e dell'albero potato.
- Si effettua la potatura solo se la potatura sotto ν non produce un peggioramento.
- Si procede iterativamente considerando tutti i nodi finché non si misurano ulteriori miglioramenti.

5.2 Classificatori bayesiani

La teoria di Bayes è un fondamentale approccio statistico per il problema di classificazione. Questo approccio si basa sulla quantificazione del problema di decisione utilizzando la probabilità e i costi che accompagnano tale decisione. L'ipotesi che accompagna la decisione con Bayes è che il problema sia posto in termini probabilistici e che tutti i valori di probabilità siano noti. In questa sezione sviluppiamo gli elementi fondamentali di questa teoria, e mostriamo come possa essere considerata semplice la formalizzazione del problema e di conseguenza quello della decisione.

Partiamo con il prendere spunto da uno specifico esempio. Il problema è quello di riuscire a costruire un classificatore che separi due tipi di pesce: spigole e salmone. Supponiamo di essere un osservatore che sta guardando arrivare il pesce lungo un nastro trasportatore: è difficile prevedere quale sia il tipo di pesce che dovrà apparire successivamente. La sequenza dei tipi sarà sicuramente casuale. Nella decisione teorica vorremmo dire e sapere qualcosa di più sulla diversa natura in base al fatto che un pesce sia una spigola o un salmone. Indichiamo con ω la variabile che identifica questa diversa natura, la quale assume i due valori ω_1 per spigola e ω_2 per il salmone. Questa variabile essendo non prevedibile dovrà essere descritta in termini probabilistici. Si identifica, a priori, la probabilità $P(\omega_1)$ che il prossimo pesce sia la spigola e la probabilità $P(\omega_2)$ che sia il salmone. Se si suppone che non ci sono altri tipi di pesce, allora $P(\omega_1)$ e $P(\omega_2)$ danno come somma 1.

Questi prima probabilità ci aiuterà a capire quale probabilità avremo di vedere una spigola o salmone per primi sul nastro trasportatore. In questa circostanza se dovessimo decidere avendo la probabilità a priori l'unica regola potrebbe essere questa:

$$\omega_1 \text{ se } P(\omega_1) > P(\omega_2) \text{ altrimenti } \omega_2. \tag{5.4}$$

In molte circostanze però non siamo portati a prendere decisioni con queste poche informazioni. Nel nostro esempio, si potrebbe ad esempio utilizzare un'altra misura x per migliorare la classificazione. x dovà essere una variabile casuale continua la cui distribuzione dipende dallo stato della natura del problema, ed è espressa come $P(x|\omega)$. Questa probabilità viene chiamata come la *classe di densità di probabilità condizionale o probabilità condizionale*. Ora supponiamo di conoscere la probabilità a priori $P(\omega_j)$ e la probabilità condizionata $P(x|\omega_j)$. Come possiamo distinguere la probabilità di sapere qual è il prossimo pesce sulla base di queste informazioni? La probabilità di un modello ω_j può essere definita come la ricerca di una probabilità a posteriori che serve da ipotesi per la classificazione nel restituire la classe corrispondente all'ipotesi vincente:

$$P(\omega_j, x) = P(\omega_j|x)P(x) = P(x|\omega_j)P(\omega_j). \tag{5.5}$$

Possiamo quindi ricavare la formula di Bayes [25, 26]:

$$P(\omega_j|x) = \frac{P(x|\omega_j)P(\omega_j)}{P(x)}, \tag{5.6}$$

che informalmente possiamo scrivere:

$$\text{probabilità a posteriori} = \frac{\text{probabilità a priori} \cdot \text{probabilità condizionata}}{\text{probabilità di } x}. \tag{5.7}$$

Esempio 5.5 (Classificatore bayesiano). Abbiamo tre ipotesi ω_1, ω_2 e ω_3. Chiamiamo x l'insieme dei dati sull'oggetto da classificare con il teorema di Bayes. Le relazioni fra ipotesi e classi sono espresse da probabilità condizionate, calcolate separatamente con il teorema di Bayes:

$$P(\omega_1|x) = 0{,}4 \; P(Neg|\omega_1) = 0 \; P(Pos|\omega_1) = 1$$
$$P(\omega_2|x) = 0{,}3 \; P(Neg|\omega_2) = 1 \; P(Pos|\omega_2) = 0$$
$$P(\omega_3|x) = 0{,}3 \; P(Neg|\omega_3) = 1 \; P(Pos|\omega_3) = 0.$$

Con queste stime si possono poi stimare le probabilità a posteriori o di verosimiglianza delle due classi:

$$\sum_{j=1}^{3} P(Pos|\omega_j)P(\omega_j|x) = 0{,}4$$

$$\sum_{j=1}^{3} P(Neg|\omega_j)P(\omega_j|x) = 0{,}6.$$

L'ipotesi ω_1 depone a favore della classe Pos, ma le ipotesi ω_2 e ω_3, che depongono per Neg, hanno complessivamente una probabilità maggiore: l'insieme di ipotesi porta quindi a decidere per la classificazione dell'oggetto come negativo, mediante questa "votazione pesata". La classe prescelta è dunque

$$\arg_c \max \sum_{j=1}^{3} P(c|\omega_j)P(\omega|x).$$

Un sistema che formula le classificazioni con questo criterio è detto classificatore bayesiano ottimale. L'aggettivo "ottimale" ha un significato preciso, di grande importanza teorica. Infatti, qualsiasi metodo di classificazione che dispone delle stesse ipotesi, degli stessi dati e delle stesse probabilità a priori per le ipotesi non può superare in media le prestazioni del classificatore bayesiano ottimale. Quest'ultimo è quindi una pietra di paragone teorica per ogni metodo di classificazione.

Per i classificatori bayesiani ottimali, deve essere nota la stima delle probabilità a priori e fornita come dato di input del problema. Esiste, però, un altro approccio più semplice al problema. La probabilità a priori di una classe può essere stimata con la frequenza della classe nel training set, quindi con un semplice conteggio. La verosimiglianza è un prodotto di probabilità ciascuna delle quali è stimata con la frequenza di valori di singoli attributi per ciascuna classe, quindi di nuovo con dei semplici conteggi.

Questo conteggio si basa sul fatto che le caratteristiche siano indipendenti quando sappiamo bene che nei casi reali questa ipotesi è palesemente falsa. Tuttavia, in modo piuttosto sorprendente, i classificatori bayesiani indipendenti (o ingenui) danno spesso in pratica ottime prestazioni e si rivelano competitivi rispetto ad altri metodi di classificazione anche molto più complessi e sofisticati.

Esempio 5.6 (Stima di verosimiglianza). Illustriamo la classificazione bayesiana ingenua con un esempio semplice ma realistico, a parte le dimensioni ridotte del training set. Il training set di esempio, ridotto a 10 oggetti da classificare, è riportato nella Tabella 5.2.

Tabella 5.2. Training set per l'esempio 5.6

Rivista	Auto	Assicurazione vita	Carta di credito	Sesso
Sì	No	No	No	Maschio
Sì	Sì	Sì	Sì	Femmina
No	No	No	No	Maschio
Sì	Sì	Sì	Sì	Maschio
Sì	No	Sì	No	Femmina
No	No	No	No	Femmina
Sì	Sì	Sì	Sì	Maschio
No	No	No	No	Maschio
Sì	No	No	No	Maschio
Sì	Sì	Sì	No	Femmina

Ogni riga descrive un cliente, il quale ha cinque attributi. Questi clienti hanno ricevuto in precedenza delle proposte promozionali di acquisto di una rivista, di un'auto, di una assicurazione sulla vita e di una assicurazione sulla carta di credito. I primi quattro attributi valgono Sì se il cliente se ha risposto positivamente alla promozione acquistando e No nel caso contrario. Il quinto attributo rappresenta il sesso del cliente. Questi attributi sono già noti per i clienti nel dataset.

In questo esempio supponiamo di avere due classi, i maschi e le femmine. Il quinto attributo rappresenta la classe di appartenenza del cliente, mentre i primi quattro costituiscono i dati empirici sul cliente stesso, che servono per la classificazione. Il training set contiene quindi 10 coppie (dati, classe): ad esempio la prima coppia ha per dati il vettore di valori (Sì, No, No, No) e per classe=Maschio.

Si noti che potremmo altrettanto legittimamente scegliere uno dei primi quattro attributi come nome della classe e considerare il sesso come un dato. Si tratta di una scelta che dipende dagli scopi che ci si prefigge durante un'analisi dei dati.

Supponiamo di voler classificare un nuovo cliente, del quale conosciamo il comportamento in risposta alle promozioni:

⟨Rivista = Sì, Auto = Sì, Vita = No, Carta di credito = No⟩.

Ignoriamo invece il sesso di questo cliente: la classificazione ci serve appunto ad attribuire il cliente a una delle due classi. Lo scopo di questa analisi è verosimilmente di decidere se proporre al cliente una successiva promozione, indirizzata diversamente ai due sessi. Si noti che in questo caso la classificazione mira a "indovinare" un attributo del cliente che ha già al presente un valore, a noi però ignoto. Se le classi fossero "accetta la promozione per l'auto" e "non accetta la promozione per l'auto" l'analisi servirebbe a "predire" il comportamento futuro del cliente, quindi un attributo che è sconosciuto perché ancora non ha un valore. La classificazione può assumere entrambe le valenze. Usiamo il teorema di Bayes per valutare la probabilità di due ipotesi:

1. il cliente è maschio;
2. il cliente è femmina.

Le ipotesi sono quindi in corrispondenza biunivoca con le classi. Costruiamo per comodità espositiva la Tabella 5.3 delle frequenze delle classi rispetto agli altri attributi.

Tabella 5.3. Frequenza delle classi rispetto agli altri attributi

Risposta	R(M)	R(F)	A(M)	A(F)	V(M)	V(F)	CC(M)	CC(F)
Sì	4	3	2	2	2	3	2	1
No	2	1	4	2	4	1	4	3
Sì/Tot	4/6	3/4	2/6	2/4	2/6	3/4	2/6	1/4
No/Tot	2/6	1/4	4/6	2/4	4/6	1/4	4/6	3/4

L'ipotesi di indipendenza condizionale tipica dei classificatori bayesiani ingenui ci permette di usare le frequenze della Tabella 5.3 come probabilità condizionate degli attributi rispetto alle classi, dai quali si ricavano le probabilità a posteriori delle classi. L'esame del training set mostra che l'ipotesi di indipendenza è arbitraria. Nella classe delle femmine gli attributi Rivista e Vita sono concordi in 4 casi su 4. Si intuisce dai dati che i clienti non rispondono in modo davvero indipendente ai vari generi di promozioni: sapere se una persona in una certa classe compra o no un certo articolo aiuta in effetti a predire se comprerà o meno un altro articolo. Tuttavia, il metodo prevede di postulare l'indipendenza condizionale per classificare gli attributi rispetto ad una classe.

Esaminiamo l'ipotesi che il nuovo cliente sia maschio.

Usiamo il Teorema di Bayes usando come ipotesi ed evidenza:

- ω: Sesso = Maschio;
- x: Rivista = Sì, Auto = Sì, Vita = No, Carta di credito = No.

Per stimare la probabilità a priori $P(\omega)$ calcoliamo la frequenza dei maschi sul totale dei clienti, che è di 6 su 10, quindi $p(\omega) = 0{,}6$. Per stimare la verosimiglianza $P(x|\omega)$ senza l'ipotesi di indipendenza condizionale dovremmo contare quanti clienti maschi hanno comprato rivista e auto, ma non polizza vita e polizza carta di credito, cioè quanti clienti maschi hanno mostrato una evidenza uguale a quella del cliente in esame. Nel training set questo non accade mai, e già questo porrebbe il problema di come stimare la probabilità, dal momento che stimarla uguale a zero sarebbe chiaramente eccessivo. Nel contesto della classificazione ingenua però il problema non si pone affatto. Sotto l'ipotesi di indipendenza condizionale la verosimiglianza è il prodotto di 4 frequenze: quanti maschi hanno comprato in seguito alla prima promozione, quanti alla seconda, alla terza e alla quarta.

$$P(Rivista = Sì|Sesso = Maschio) = 4/6$$
$$P(Auto = Sì|Sesso = Maschio) = 2/6$$
$$P(Vita = No|Sesso = Maschio) = 4/6$$
$$P(Cartadicredito = No|Sesso = Maschio) = 4/6$$
$$P(x|Sesso = Maschio) = 4/6 \cdot 2/6 \cdot 4/6 \cdot 4/6 = 8/81.$$

Ora dovremmo dividere per il denominatore, cioè la probabilità marginale dell'evidenza $P(x)$. Di nuovo, il comportamento del nuovo cliente non era mai stato osservato nel training set. Potremmo superare la difficoltà in modo simile a quanto abbiamo già fatto, ponendo questa probabilità uguale al prodotto di quattro probabilità. Tuttavia, non è necessario ricorrere di nuovo a queste misure. Come già sappiamo, possiamo ignorare $P(x)$ per ciascuna delle ipotesi: ci è sufficiente scegliere l'ipotesi che massimizza il prodotto:

$$\text{probabilità a priori} \cdot \text{verosimiglianza}.$$

Ripetiamo il procedimento per la classe delle femmine.

$$P(Rivista = S\grave{\imath}|Sesso = Femmina) = 3/4$$
$$P(Auto = S\grave{\imath}|Sesso = Femmina) = 2/4$$
$$P(Vita = No|Sesso = Femmina) = 1/4$$
$$P(Cartadicredito = No|Sesso = Femmina) = 3/4$$
$$P(x|Sesso = Femmina) = 3/4 \cdot 2/4 \cdot 1/4 \cdot 2/4$$
$$= 9/128.$$

Come si vede, la verosimiglianza dei dati per una femmina è minore che per un maschio, poiché $9/128 < 8/81$. Ciò non basta per decidere: dobbiamo considerare anche la probabilità a priori, come richiesto dal metodo bayesiano.

$$P(Sesso = Femmina) = 4/10$$

e quindi:

$$P(x|Sesso = Femmina) \cdot P(Sesso = Femmina) = 9/128 \cdot 2/5 = 0{,}028\,1.$$

La conclusione è che:

$$P(Sesso = Maschio|x) = 0{,}059\,3/P(x)$$

$$P(Sesso = Femmina|x) = 0{,}028\,1/P(x).$$

Possiamo prescindere da P(x) e concludere classificando il cliente come *maschio*. Se poi ci interessa anche stimare le vere e proprie probabilità, possiamo calcolare

$$P(x) = 7/10 \cdot 4/10 \cdot 5/10 \cdot 2/10 = 0{,}028$$

e usarla come denominatore, ottenendo infine

$$P(Sesso = Maschio|x) = 0{,}679 \geq P(Sesso = Femmina|x) = 0{,}321.$$

5.3 Nearest Neighbor clustering

L'algoritmo Nearest Neighbor è un metodo di classificazione supervisionato basato su feature riconoscibili: a ciascuna feature viene assegnata una dimensione, in modo che si formi uno spazio multidimensionale di feature. All'interno di questo spazio vengono disegnate le feature estratte da un training set etichettato, in cui le classi sono note a priori. Completata questa fase di apprendimento, si analizzano i campioni da classificare: anche da questi si estraggono le feature scelte, che vengono quindi confrontate con quelle del training set nello spazio multidimensionale; un campione sarà assegnato alla classe del "vicino più vicino", appunto il nearest neighbor, solitamente usando la metrica di distanza euclidea (ma altre scelte sono possibili).

È chiaro che l'algoritmo sarà tanto più oneroso quanto più grande è il training set e quanto maggiore è il numero di feature considerate: si ha a che fare evidentemente con un trade-off, perché un training set più ampio è tendenzialmente più rappresentativo, e un alto numero di feature permette di discriminare meglio tra le possibili classi, ma a fronte di questi vantaggi la complessità dei calcoli aumenta. Sono state quindi elaborate alcune varianti dell'algoritmo, principalmente per ridurre il numero di distanze da calcolare: ad esempio è possibile partizionare lo spazio di feature e misurare la distanza solo rispetto ad alcuni dei volumi così ottenuti. K-nearest neighbor è una variante che determina i k elementi più vicini: ognuno di questi vota per la classe cui appartiene, e il campione in esame verrà assegnato alla classe più votata.

La complessità dell'algoritmo Nearest Neighbor (algoritmo 5.2) è di $O(n^2)$, dove n è il numero di elementi. Ogni item è confrontato con ogni altro cluster. Questo algoritmo ha bisogno, in più della definizione di una soglia θ. Non c'è bisogno di definire, però il numero di cluster.

Algoritmo 5.2: Nearest-Neighbor

---

    input : $D = \{t_1, t_2, \ldots, t_n\}$, insieme di elementi
             A, matrice delle similarità
             θ, soglia
    output: K, numero di cluster

1 $K_1 = \{t_1\}$;
2 add K_1 to K; /* t_1 posto su un nuovo cluster   */
3 $k = 1$;
4 **for** $i = 2$ **to** n **do**
      /* trova un punto t_m nei cluster K_m e K in cui $d(t_m, t_i)$ è piccola;
      */
5   **if** $d(t_m, t_i) < \theta$ **then**
6        $K_m = K_m \cup \{t_i\}$
7   **else**
8        $k = k + 1$;
9        $K_k = \{t_i\}$;
10   add K_k to K; /* nuovo cluster   */
11   **end**
12 **end**

Esempio 5.7 (Applicazione dell'algoritmo KNN*).* Dati gli elementi {A, B, C, D, E}, la matrice di similarità della Tabella 5.4 e la soglia $\theta = 2$, applicare l'algoritmo KNN.

Tabella 5.4. Matrice di similarità

	A	B	C	D	E
A	0	1	2	2	3
B	1	0	2	4	3
C	2	2	0	1	5
D	2	4	1	0	3
E	3	3	5	3	0

Si ha:

- $A : K1 = A$;
- $B : d(B, A) = 1 < \theta \geq K1 = A, B$;
- $C : d(C, A) = d(C, B) = 2 \leq \theta \geq K1 = A, B, C$;
- $D : d(D, A) = 2, d(D, B) = 4, d(D, C) = 1 = dmin\ \theta \geq K1 = A, B, C, D$;
- $E : d(E, A) = 3, d(E, B) = 3, d(E, C) = 5$;
- $d(E, D) = 3 = dmin > \theta \geq K2 = E$.

5.4 Reti neurali artificiali

Una rete neurale artificiale è un modello matematico di elaborazione delle informazioni che cerca di simulare il funzionamento dei neuroni presenti negli organismi biologici. Si tratta di modelli computazionali che si ispirano direttamente al funzionamento del cervello e che, almeno per il momento, si trovano ancora allo stadio primitivo della ricerca (i primi studi sull'argomento iniziarono negli anni '40 ma fu solo negli anni '80 che cominciarono a nascere le prime applicazioni).

5.4.1 Il neurone biologico

Tutto il sistema nervoso animale è composto da un numero elevatissimo di unità fondamentali molto ben caratterizzate nella loro struttura e simili tra loro dette neuroni (si calcola che il cervello umano ne contenga circa dieci miliardi). Ognuno di questi neuroni è connesso con migliaia di altri e con questi comunica con segnali sia di tipo chimico che elettrico.

Un neurone (come si può vedere in Figura 5.3) è costituito da un corpo centrale detto soma da cui fuoriesce un prolungamento che prende il nome di assone. La fitta rete di interconnessione tra neuroni è realizzata dai dendriti, che sono delle ramificazioni che partono dal soma e vanno a raggiungere i terminali d'assone dei neuroni da collegare. Il punto dove un neurone è connesso con i dendriti provenienti da altri neuroni è detto sinapsi. Le sinapsi grazie all'azione di alcune sostanze chimiche dette neurotrasmettitori, possono assumere sia un'azione eccitatoria che

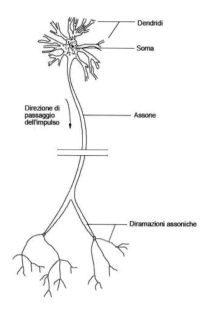

Figura 5.3. Struttura di un neurone biologico

inibitoria, per favorire o ostacolare il collegamento tra i neuroni a cui essa afferisce. Ogni neurone riceve in ingresso segnali elettrici da tutti i dendriti e emette un impulso elettrico in uscita sull'assone. In pratica ogni neurone esegue una somma pesata dei segnali elettrici presenti sui suoi ingressi (che possono essere eccitatori o inibitori in funzione del collegamento sinaptico), se la soglia caratteristica è superata viene emesso un impulso in uscita. Le connessioni tra neuroni non sono rigide ma possono variare nel tempo, sia nell'intensità che nella topologia. Il peso del collegamento sinaptico, infatti, non è fisso ma deve essere variabile in quanto le sue variazioni sono alla base dell'apprendimento. Anche i collegamenti tra neuroni possono essere rimossi o se ne possono creare degli altri, questi infatti costituiscono la memoria della rete neurale.

5.4.2 Il modello matematico del neurone

A seguito di ricerche effettuate negli anni '40 da W. McCulloch e W. Pitts vennero elaborati dei modelli matematici che riproducevano in maniera molto semplificata il funzionamento di un neurone ed è a questi modelli che si riconduce la teoria delle reti neurali. Il neurone formale rispecchia nella struttura il funzionamento del neurone biologico. Agli ingressi binari $x_1 \ldots x_n$, vengono infatti associati dei pesi $w_1 \ldots w_n$ che possono essere positivi o negativi e ne viene effettuata la somma (pesata). Se il valore della somma supera un determinato livello di soglia θ l'uscita vale 1 altrimenti vale 0.

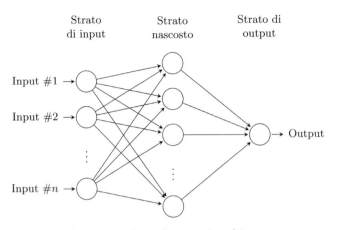

Figura 5.4. Rete di neuroni multistrato

In sé il modello del neurone non avrebbe molto senso se non fosse stato dimostrato che qualsiasi calcolo esprimibile tramite un programma per computer è realizzabile da un'appropriata rete di neuroni formali introducendo dei neuroni di input che prelevano i dati e neuroni di output che comunicano i risultati. Data inoltre la scarsa efficienza nei calcoli matematici, le reti neurali non avrebbero avuto il successo che hanno se non avessero proprietà tali da surclassare i calcolatori convenzionali in determinate applicazioni. L'idea innovativa fu quella di rendere i pesi dei collegamenti modificabili con meccanismi di tipo biologico, in tal modo le reti neurali sono in grado di adattarsi a condizioni di funzionamento non previste in fase di progetto, cosa quasi indispensabile in numerosi casi (ad esempio nei sistemi di controllo o nel pattern recognition).

Le reti neurali sono costituite da uno strato di neuroni di *input*, uno strato di neuroni di *output* ed eventualmente uno o più strati intermedi detti *hidden* (vedi Figura 5.4). Le interconnessioni vanno da uno strato al successivo e i valori dei segnali possono essere sia discreti che continui. I valori dei pesi associati agli input di ogni nodo possono essere statici o dinamici in modo tale da adattare plasticamente il comportamento della rete in base alle variazioni dei segnali d'ingresso.

Il funzionamento di una rete neurale può essere schematizzato in due fasi: la fase di apprendimento e quella di riconoscimento. Nella fase di apprendimento (training) la rete viene istruita su un campione di dati presi dall'insieme di quelli che dovranno poi essere elaborati; nella fase di riconoscimento (testing), che è poi quella di normale funzionamento, la rete è utilizzata per elaborare i dati in ingresso in base alla configurazione raggiunta nella fase precedente. Per quanto riguarda le realizzazioni, pur possedendo le reti una struttura autonoma, generalmente si utilizzano simulazioni effettuate al computer in modo da permettere modifiche anche sostanziali in tempi brevi e con costi limitati. Stanno però nascendo i primi chip neurali che hanno performance notevolmente superiori a quelle di una simulazione ma che hanno finora avuto scarsissima diffusione dovuta soprattutto ai costi elevati e ad un'estrema rigidità strutturale.

5.4.3 Algoritmo di backpropagation

Nell'addestramento delle reti multistrato si incontra il problema di come aggiornare i pesi dei neuroni degli strati nascosti. Mentre infatti per lo strato di uscita si conosce dal training set l'uscita desiderata, niente si sa dell'uscita desiderata dei neuroni nascosti. Questo problema è stato risolto nel 1986, dopo molti anni di disinteresse per le reti neurali, quando è stato introdotto l'algoritmo di backpropagation.

Il suo funzionamento può essere descritto in due passi. Nel primo passo in avanti, vengono determinate le uscite di tutti i neuroni della rete applicando gli elementi del training set agli ingressi e propagandone il valore fino alle uscite. A questo punto inizia il secondo passo all'indietro. Dalle risposte desiderate del training set si determina l'errore, il quale viene propagato a ritroso dalle uscite fino agli ingressi e rendendo pertanto possibile determinare i pesi dei neuroni intermedi.

I pesi sono inizializzati con valori casuali. Come funzione di uscita non lineare dei neuroni della rete si adotta in genere la funzione sigmoide (l'algoritmo richiede che la funzione sia derivabile). Tale funzione produce valori tra 0 e 1.

Dapprima consideriamo la seguente notazione:

Training set:	$x^{(k)}, d^{(k)}$
Il peso fra una unità i e j è chiamato:	w_{ji}
Input per j:	$In(j)$
Output per j:	$Out(j)$
uscita di un nodo interno:	z_j
uscita della rete.	y_j
uscita dell'iesimo nodo:	o_i
Funzione di trasferimento per i nodi nascosti:	$h_j(.)$
Output del nodo j (nota: $o = x$ per l'input):	$o_j = h_j(z_j)$
Funzione di attivazione interna:	$z_j = \sum_{i \in In(j)} o_j w_{ji}$

Determinazione dell'algoritmo

Dato un training set composto da valori di ingresso $x^{(k)}$ e dalle corrispondenti uscite desiderate $d^{(k)}$, l'obiettivo è determinare i pesi della rete che minimizzano, per ogni punto del training set, lo scostamento tra uscite desiderate e uscite reali.

Definita la funzione di errore

$$e(w; D) = \frac{1}{2} \sum_k \|y(x)^{(k)} - d^{(k)}\|^2, \tag{5.8}$$

si utilizza il metodo di discesa del gradiente per la sua minimizzazione.

Il gradiente dell'errore è quindi:

$$\nabla e(w; D) = \nabla(\frac{1}{2} \sum_k \|y(x)^{(k)} - d^{(k)}\|^2) = \sum_k \nabla(\frac{1}{2}\|y(x^{(k)} - d^{(k)}\|^2), \tag{5.9}$$

ossia la somma dei gradienti calcolati in ciascun punto del training set. E sopprimendo l'indice k per chiarezza:

$$e = \frac{1}{2}\|y(x) - d\|^2 = \frac{1}{2} \sum_i (y_i(x) - d_i)^2. \tag{5.10}$$

Quando influisce la variazione di un peso sull'errore? Posto $E(\boldsymbol{w}) = e(\boldsymbol{w}; D)$ si ha

$$\frac{\partial E}{\partial w_{ji}} = \frac{\partial E}{\partial z_j} \frac{\partial z_j}{\partial w_{ji}}. \tag{5.11}$$

Essendo $z_j = o_i w_{ji} + \cdots$, allora è $\partial z_j / \partial w_{ji} = o_i$ e quindi:

$$\frac{\partial E}{\partial w_{ji}} = \frac{\partial E}{\partial z_j} o_i. \tag{5.12}$$

Ponendo

$$\delta_j \stackrel{\triangle}{=} \frac{\partial E}{\partial z_j} \tag{5.13}$$

la componente del gradiente della funzione di errore relativa al peso w_{ji} si può allora esprimere come:

$$\frac{\partial E}{\partial w_{ji}} = \delta_j o_i. \tag{5.14}$$

Per determinare il gradiente, dobbiamo pertanto calcolare tutti i δ:

$$\nabla E(w) = \begin{bmatrix} \vdots \\ \partial E / \partial w_{ji} \\ \vdots \end{bmatrix} = \begin{bmatrix} \vdots \\ \delta_j o_i \\ \vdots \end{bmatrix}. \tag{5.15}$$

A questo fine, distinguiamo tra unità di uscita e unità non di uscita. Se j è una unità di uscita, sarà $o_j = y_s$ per un qualche s. Visto che $o_j = h_j(z_j)$ e $E = 1/2(o_j - d_s)^2 + \cdots$, possiamo scrivere:

$$\delta_j = \frac{\partial E}{\partial z_j} = \frac{\partial E}{\partial o_j} \frac{d o_j}{d z_j} = (o_j - d_s) h'_j(z_j). \tag{5.16}$$

Consideriamo adesso il caso in cui j sia una unità non di uscita. z_j può contribuire all'errore E solo attraverso le connessioni uscenti dalla stessa unità j. Se per esempio supponiamo che l'uscita di j sia connessa con p, q ed r si ha:

$$\delta_j = \frac{\partial E(z_p, z_q, z_r, \ldots)}{\partial z_j} = \frac{\partial E}{\partial z_p} \frac{\partial z_p}{\partial z_j} + \frac{\partial E}{\partial z_q} \frac{\partial z_q}{\partial z_j} + \frac{\partial E}{\partial z_r} \frac{\partial z_r}{\partial z_j}. \tag{5.17}$$

In generale dobbiamo sommare su tutte le unità $i \in Out(j)$:

$$\delta_j = \sum_{i \in Out(j)} \frac{\partial E}{\partial z_i} \frac{\partial z_i}{\partial z_j} = \sum_{i \in Out(j)} \delta_i \frac{\partial z_i}{\partial o_j} \frac{d o_j}{d z_j}. \tag{5.18}$$

Ricordando che $z_i = w_{ij} + \cdots \Rightarrow \partial z_j / \partial o_j = w_{ij}$ e che $o_j = h_j(z_j) \Rightarrow \partial o_j / \partial z_j = h'_j(z_j)$ l'errore di backpropagation risulta:

$$\boxed{\delta_j = h'_j(z_j) \sum_{i \in Out(j)} \delta_i w_{ji}.} \tag{5.19}$$

Lo schema di funzionamento dell'algoritmo di backpropagation è illustrato nella Figura 5.5.

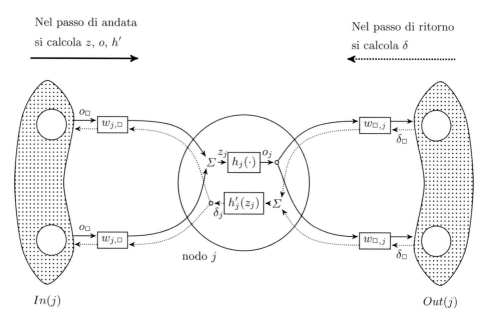

Nel passo di andata
si calcola z, o, h'

Nel passo di ritorno
si calcola δ

Figura 5.5. Schema di funzionamento dell'algoritmo di backpropagation

---

Algoritmo 5.3: Backpropagation

input : Dataset D=$\{x^{(k)}, d^{(k)}\}$, entrata e uscita desiderata,
Matrice di contingenza con(i,j)=1 se $w_{i,j}$ esiste altrimenti 0
funzione di trasferimento $h_j(.)$
pesi $w_{i,j}$
η learning rate

output: pesi ricalcolati $w_{i,j}$

1 Inizializza Gradiente=0; Errore=0;
2 **for** $k=1$ to N **do**
3   Calcola le uscite per tutti i nodi, j $(o_j = x_j^{(k)})$
4   Calcola la funzione $h(.)$ per le unità j ($z_j = \sum_{i \in In(j)} o_i w_{ji}$ dove $o_j = h_j(z_j)$)
5   Calcola $\delta_j = (o_j - d_s^{(k)}) h_j(z_j)$
6        $\delta_j = h_j(z_j) \sum_{i \in Out(j)} \delta_i w_{ji}$
7   Gradiente=Gradiente+ [la lista di tutti i δ_i per tutti i,j che hanno con(i,j)=1]
8   Calcola $Errore = Errore + \frac{1}{2} \|(y^{(k)}(x) - d^{(k)})\|^2$
9 **end**

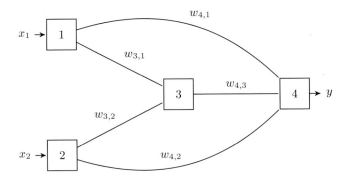

Figura 5.6. Rete neuronale per l'esempio 5.8

Esempio 5.8 (Applicazione dell'algoritmo di backpropagation). Dati momento uguale a zero e $\eta = 1$, calcolare i pesi risultanti per la rete con le connessioni mostrate nella Figura 5.6:

$$con = \begin{bmatrix} 0 & 0 & 0 & 0 \\ 0 & 0 & 0 & 0 \\ 1 & 1 & 0 & 0 \\ 1 & 1 & 1 & 0 \end{bmatrix}$$

e i pesi dati da:

$$W = \begin{bmatrix} \cdot & \cdot & \cdot & \cdot \\ \cdot & \cdot & \cdot & \cdot \\ 0{,}5 & 2 & \cdot & \cdot \\ 0 & 1 & -1 & \cdot \end{bmatrix}$$

e con le funzioni di trasferimento

$$h_3(z) = h_4(z) = \frac{1}{1 + e^{-z}}$$

$$X^{(1)} = \begin{bmatrix} 2 \\ 1 \end{bmatrix} \ e \ d^{(1)} = 2$$

$$o_3 = h(\textstyle\sum_j w_{ji} o_j) = \quad h(2 \cdot 0{,}5 + 1 \cdot 2) = \quad h(3) = 0{,}95$$
$$o_4 = h(\textstyle\sum_j w_{ji} o_j) = h(2 \cdot 0 + 1 \cdot 1 + 0{,}95 \cdot 1) = h(0{,}05) = 0{,}51.$$

Calcolo il β dell'uscita. Se il nodo è un nodo di output:

$$\boxed{\beta_j = o_j(1 - o_j)[y_j - o_j]}$$

altrimenti:

$$\boxed{\beta_j = o_j(1 - o_j)[\textstyle\sum_k \beta_k w_{jk}]}$$

$\beta_4 = o_4(1 - o_4)(y_4 - o_4) = 0{,}51(1 - 0{,}51)(2 - 0{,}51) = 0{,}372$
$\beta_3 = o_3(1 - o_3)(\sum \beta w_{3k}) = 0{,}95(1 - 0{,}95)(0{,}372 \cdot -1) = -0{,}0176.$

Calcolo i Δw_{ji}:

$$\Delta w_{ji} = \eta \beta_j o_j$$

$$\begin{aligned}
\Delta w_{4,3} &= \beta_4 o_3 = 0{,}372 \cdot 0{,}95 = & 0{,}353 \\
\Delta w_{3,1} &= \beta_3 o_1 = -0{,}017\,6 \cdot 2 = & -0{,}035\,3 \\
\Delta w_{3,2} &= \beta_3 o_2 = -0{,}017\,6 \cdot 1 = & -0{,}017\,6 \\
\Delta w_{4,1} &= \beta_4 o_1 = & 0{,}372 \cdot 2 = & 0{,}074\,4 \\
\Delta w_{4,2} &= \beta_4 o_2 = & 0{,}372 \cdot 1 = & -0{,}372.
\end{aligned}$$

5.5 Valutazione dei metodi di classificazione

Esplorazione $\gg$ Modellazione $\gg$ *Valutazione*

In questa sezione analizziamo come valutare la bontà di un modello o più modelli di classificazione. Di solito questi confronti si fanno su problematiche di tipo supervisionato; problematiche cioè dove si conoscono i risultati di un'applicazione. Sono presentati i grafici lift, le curve ROC e le matrici di confusione per confrontare i risultati attesi con quelli ottenuti. Nei modelli previsionali i risultati effettivi in genere sono peggiori delle previsioni per questo poi è necessario rimettere mano alla modellazione per poter avere un certo tipo di risposta.

5.5.1 Matrice di confusione per problemi a due classi

Un classificatore (detto anche modello) può essere descritto come una funzione che mappa gli elementi di un insieme in certe classi o gruppi. Nel caso di classificazione supervisionata, l'insieme dei dati da classificare contiene una suddivisione in classi, rispetto alla quale è possibile valutare la qualità del risultato prodotto.

In un problema di classificazione binaria l'insieme dei dati da classificare è suddiviso in due classi che possiamo indicare convenzionalmente come positivi (p) o negativi (n). Gli esiti dell'applicazione di un classificatore binario rientrano in una delle seguenti quattro categorie.

1. Il classificatore produce il valore p' partendo da un dato appartenente alla classe p. Si dice che il classificatore ha prodotto un vero positivo (VP).
2. Il classificatore produce il valore p' partendo da un dato appartenente alla classe n. Si dice che il classificatore ha prodotto un falso positivo (FP).
3. Il classificatore produce il valore n' partendo da un dato appartenente alla classe n. Si dice che il classificatore ha prodotto un vero negativo (VN).

4. Il classificatore produce il valore n' partendo da un dato appartenente alla classe p. Si dice che il classificatore ha prodotto un falso negativo (FN).

Dato un classificatore e un set di istanze la matrice 2×2 che si viene a creare è detta matrice di confusione [126] o matrice di contingenza (Tabella 5.5).

Tabella 5.5. Matrice di confusione

Classi previste	Classi effettive	
	p	n
p'	Veri positivi (VP)	Falsi positivi (FP)
n'	Falsi negativi (FN)	Veri negativi (VN)

Tra le grandezze definite per valutare le prestazioni di un classificatore, le più frequenti sono le seguenti:

$$TFP = \frac{FP}{VN + FP}, \tag{5.20}$$

$$TVP = \frac{VP}{FN + VP}, \tag{5.21}$$

$$precisione = \frac{VP}{VP + FP}, \tag{5.22}$$

$$PPV = recall = \frac{VP}{VP + FN}, \tag{5.23}$$

$$accuratezza = \frac{VP + VN}{VP + FP + VN + FN}. \tag{5.24}$$

I numeri lungo la diagonale principale rappresentano gli oggetti correttamente interpretati; gli altri sono gli errori sulle varie classi. In particolare sulla base della matrice di contingenza vengono determinate due importanti misure della validità di un test: la sensibilità e la specificità. La sensibilità di un test si ottiene rapportando il numero di veri positivi al totale delle istanze positive.

$$sensibilità = \frac{VP}{VP + FN}. \tag{5.25}$$

La specificità, invece, si riferisce alla capacità d'individuare i veri negativi sulle istanze negative.

$$specificità = \frac{VN}{VN + FP}. \tag{5.26}$$

Esempio 5.9 (Trasmissione di un simbolo binario su di un canale rumoroso). Supponiamo di trasmettere un bit da un emettitore verso un ricevitore. Se emettiamo un 1 e riceviamo un 1 abbiamo effettuato una trasmissione senza errori: siamo in presenza di un vero positivo. A causa del rumore, tuttavia, potremmo, a fronte dell'emissione di un 1, aver ricevuto uno 0. La sensibilità del nostro sistema di comunicazione è la percentuale di bit con valore 1 correttamente rilevati rispetto al numero di bit 1 emessi:

$$sensibilità = \frac{\text{numero di bit 1 correttamente rilevati}}{\text{numero di bit 1 emessi}}.$$

Correttamente rilevati significa che si prendono in considerazione solo gli 1 veri, senza contare quelli derivati da una errata trasmissione di uno 0.

Il ruolo delle due classi che raggruppano gli esiti della classificazione sono chiaramente simmetrici. Quale classe venga etichettata come positiva e quale come negativa risulta evidente una volta che abbiamo presente la finalità per la quale è stato costruito il classificatore. In un test di gravidanza, ad esempio, l'esito positivo è evidentemente quello che indica la *presenza* di una gravidanza.

5.5.2 Curva ROC

Il modello di classificazione sarebbe ottimale se massimizzasse contemporaneamente sia la sensibilità che la specificità. Questo tuttavia non è possibile; infatti, con riferimento alla Figura 5.7 elevando il valore della specificità, diminuisce il numero di falsi positivi, ma si aumentano i falsi negativi il che comporta una diminuzione della sensibilità. Si può, quindi, osservare che esiste un trade-off tra sensibilità e specificità, che porta a risultati più sensibili ma meno specifici e, viceversa, più specifici ma meno sensibili. Generalmente il trade-off ottimale corrisponde al punto più vicino all'angolo superiore destro, rappresentando questo una sensibilità e una specificità del 100 %. La curva di Figura 5.7 è denominata curva ROC. La ROC (Receiver Operating Characteristic [112, 126]) si inserisce nel contesto della classificazione binaria di tipo supervisionato; e richiede la conoscenza del reale stato dell'unità esaminata, poiché deve essere possibile anche la verifica delle reali ca-

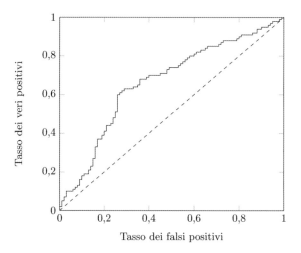

Figura 5.7. Esempio di curva ROC

pacità di riconoscimento della regola. Nell'ambito degli studi sui microarray viene spesso utilizzato il positive predictive value (PPV) invece della specificità.

La curva ROC è in genere modificata come in Figura 5.7, in cui sulle ascisse abbiamo una misura di PPV e sulle ordinate la sensibilità. La curva ideale dovrebbe innalzarsi quasi verticalmente dall'angolo basso a sinistra e quindi muoversi orizzontalmente quasi lungo la linea orizzontale superiore, come la curva più alta nella figura (curva definita "eccellente"). In questo modo infatti la sensibilità aumenta provocando un decremento minimo della specificità. La curva peggiore è, invece, quella diagonale in cui la sensibilità uguaglia sempre il tasso di errore falso positivo. Il confronto tra due o più curve ROC è possibile calcolando l'area sottesa dalla curva, che fornisce una misura dell'accuratezza del relativo test corrispondente.

Algoritmo 5.4: Grafico della curva ROC

 input : test set T ordinato per valori di confidenza decrescenti

1 $K = \|T\|$; /* numbero di elementi del test set */
2 $P = \|T_+\|$; /* numero di elementi positivi del test set */
3 $N = \|T_-\|$; /* numero di elementi negativi del test set */
4 $VP = 0$;
5 $FP = 0$;
6 **for** $i = 1$ *to* K **do**
7   **if** $T[i]$ *è positivo* **then**
8          $VP = VP + 1$;
9   **else**
10          $FP = FP + 1$;
11   **end**
12   visualizza il punto sulla corva ROC di coordinate ($\frac{FP}{P}, \frac{VP}{N}$)
13      $i = i + 1$;
14 **end**

Algoritmo 5.5: Metodo concettuale per il calcolo della curva ROC

 input : T, test set; $f(i)$, stima probabilistica del classificatore che l'elemento i sia positivo; *min* e *max*, minimo e massimo valore ritornato da f; *incremento*, la minima differenza tra due valori ritornati da f

1 **for** $t = min$ *to* max *by incremento* **do**
2      $FP = 0$;
3      $TP = 0$;
4   **foreach** $i \in L$ **do**
5   **if** $f(i) \geq t$ **then**   /* Questo elemento supera la soglia */
6   **if** i *è un elemento positivo* **then**
7                  $VP = VP + 1$;
8   **else**   /* i è un elemento negativo, perciò è un falso positivo */
9                  $FP = FP + 1$;
10   visualizza il punto di coordinate ($\frac{FP}{N}, \frac{VP}{P}$) sulla curva ROC;
11   **end**
12   **end**
13 **end**
14 **end**

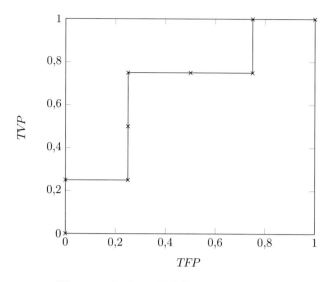

Figura 5.8. Curva ROC dell'esempio 5.10

Esempio 5.10 (Calcolo e disegno di una curva ROC). Data la seguente matrice dei risultati di un classificatore:

Confidenza	Classe
0,30	−
0,45	−
0,50	−
0,40	+
0,90	+
0,65	+
0,70	+
0,85	−

disegnamo la curva ROC utilizzando i due metodi riportati (algoritmi 5.4 e 5.5).

1. Esempio pratico di applicazione dell'algoritmo 5.4.
   Ordino le istanze per valori di confidenza decrescenti, ottenendo la tabella seguente.

Confidenza	Classe
0,90	+
0,85	−
0,70	+
0,65	+
0,50	−
0,45	−
0,40	+
0,30	−

Applico l'agoritmo 5.4 iterando ad ogni passo e calcolando i VP e i FP.

Iterazione	FP	VP
1	0	1/4
2	1/4	1/4
3	1/4	2/4
4	1/4	3/4
5	2/4	3/4
6	3/4	3/4
7	3/4	1
8	1	1

2. Applico l'algoritmo 5.5 che consiste nel scegliere una soglia t e contare per essa il numero dei VP e dei FP per ciascuna classe.

t	x	y	con $x = FP$ e $y = VP/P$
$t = 0{,}30$	4/4	4/4	
$t = 0{,}35$	4/4	4/4	
$t = 0{,}40$	3/4	4/4	
$t = 0{,}45$	3/4	3/4	
$t = 0{,}50$	2/4	3/4	
$t = 0{,}55$	2/4	3/4	
$t = 0{,}60$	2/4	3/4	
$t = 0{,}65$	1/4	3/4	
$t = 0{,}70$	1/4	2/4	
$t = 0{,}75$	1/4	2/4	
$t = 0{,}80$	1/4	2/4	
$t = 0{,}85$	1/4	1/4	
$t = 0{,}90$	0/4	1/4	
$t > 0{,}90$	0/4	1/4	

Il grafico della curva ROC dell'esempio è mostrato nella Figura 5.8.

5.5.3 Curva lift

Il fattore di lift è un metodo di valutazione comunemente usato per misurare le prestazioni dei modelli di classificazione in applicazioni di marketing.

Lo scopo del modello è di identificare un sottogruppo (target) all'interno di una popolazione più vasta. I membri del target vengono scelti in funzione della loro maggiore propensione a rispondere positivamente alla campagna di marketing. Il modello si comporta bene se la risposta all'interno del target è molto migliore rispetto alla risposta media della popolazione nel suo insieme. Il fattore di lift è semplicemente il rapporto tra questi due valori:

$$\text{lift} = \frac{\text{risposta del target}}{\text{risposta media}}. \tag{5.27}$$

Supponiamo ad esempio di dover realizzare una campagna di mailing. I clienti a cui possiamo inviare la proposta sono $1\,000\,000$. Non vogliamo inviare semplicemente a tutti. Vogliamo selezionare un campione nel quale la probabilità di accettazione della proposta sia massima. Sappiamo che la risposta normale a campagne di questo tipo è dello $0,1\,\%$, quindi su tutta la popolazione ci attendiamo $1\,000$ successi. Supponiamo di avere un modello di classificazione {Risponde, Non risponde} che sul campione non casuale dei $100\,000$ clienti con il massimo score ci dà 400 successi contro i 100 di un campione casuale. Diciamo che il modello ha un lift uguale a 4 (cioè $400/100$) su un campione di $100\,000$ clienti. Dato che la spedizione delle proposte rappresenta un costo, possiamo evitare di inviarle a quei clienti che probabilmente non risponderebbero positivamente, ottenendo una maggiore efficienza dall'applicazione del modello.

Esempio 5.11 (Utilizzo del lift). Le Tabelle 5.6 e 5.7 rappresentano due matrici di confusione per modelli alternativi con lift uguale a 2,25.

<table>
<tr><td colspan="3">**Tabella 5.6.** Modello X</td></tr>
<tr><td></td><td>*Accetta*</td><td>*Rifiuta*</td></tr>
<tr><td>Accetta</td><td>540</td><td>460</td></tr>
<tr><td>Rifiuta</td><td>23 460</td><td>75 540</td></tr>
</table>

<table>
<tr><td colspan="3">**Tabella 5.7.** Modello Y</td></tr>
<tr><td></td><td>*Accetta*</td><td>*Rifiuta*</td></tr>
<tr><td>Accetta</td><td>450</td><td>550</td></tr>
<tr><td>Rifiuta</td><td>19 550</td><td>79 450</td></tr>
</table>

$$\text{lift(Modello } X) = \frac{540/24\,000}{1\,000/1\,000\,000} = 2,25, \tag{5.28}$$

$$\text{lift(Modello } Y) = \frac{450/20\,000}{1\,000/1\,000\,000} = 2,25. \tag{5.29}$$

Con un certo modello spediamo la proposta a chi classifichiamo come Accetta. Il lift è lo stesso per i due modelli.

Il modello X porta a spedire $24\,000$ offerte, con 540 successi.

Il modello Y porta a spedire $20\,000$ offerte, con 450 successi. Il modello Y è migliore se le $4\,000$ spedizioni risparmiate superano in valore le 90 vendite perse. Altrimenti è migliore X.

5.6 Esercizi di riepilogo

5.1. Supponiamo di dover costruire un albero decisionale per prevedere l'uscita nei seguenti dati nella Tabella 5.8. Quale attributo si trova alla radice dell'albero di decisione? Giustificare la risposta. Si noti che "Nome" *non* è una scelta. Utilizzate gli alberi e l'informazione del gain ratio.

Tabella 5.8. Dati per l'esercizio 5.1

Nome	Sesso	Altezza (m)	Risultato
Cristina	F	1,60	Piccola
Gino	M	1,90	Alto
Stefano	M	1,90	Medio
Marta	F	1,85	Alta
Stefania	F	1,85	Piccola
Bruno	M	1,85	Medio
Catia	F	1,60	Piccola

5.2. Usare l'algoritmo Nearest Neighbor e la distanza euclidea per raggruppare i punti, presi dall'esercizio precedente 5.1:

$$A_1 = (2, 10), \ A_2 = (2, 5), \ A_3 = (8, 4), \ A_4 = (5, 8),$$
$$A_5 = (7, 5), \quad A_6 = (6, 4), \ A_7 = (1, 2), \ A_8 = (4, 9). \tag{5.30}$$

Si prenda $\theta = 4$.

5.3. Data la Tabella 5.9 si prenda T come insieme di tutti gli attibuti. Si costruisca un albero di decisione a partire dalla tabella.

Al primo passo si scelga usando il criterio del guadagno quale tra gli attributi no Clienti e tipo è più conveniente usare. Dopo questa scelta si prosegua selezionando l'attributo fame, poi l'attributo tra no Clienti e tipo non ancora usato per la generazione dell'albero e poi l'attributo ven/sab. Si prosegua fino a trovare foglie omogenee senza usare il criterio di terminazione di CART.

5.4. Si supponga una Banca che utilizza tecniche di CRM per la gestione della propria clientela. Al presentarsi di un nuovo cliente, per poterlo classificare, quale algoritmo si utilizzerà?

5.5. Calcola con momento a zero e $\eta = 0,1$ i pesi risultanti per la rete con le connessioni:

$$con = \begin{bmatrix} 0 & 1 & 1 & 0 \\ 0 & 0 & 0 & 1 \\ 0 & 0 & 0 & 1 \\ 0 & 0 & 0 & 0 \end{bmatrix}$$

Tabella 5.9. Dati per l'esercizio 5.3

Es	alt.	bar	V/S	fame	noC	prez	piov	pren	tipo	att	Dec
x_1	sì	no	no	sì	alc	£££	no	sì	F	0–10	sì
x_2	sì	no	no	sì	pieno	£	no	no	Thai	30–60	no
x_3	no	sì	no	no	alc	£	no	no	hamb	0–10	sì
x_4	sì	no	sì	sì	pieno	£	no	no	Thai	10–30	sì
x_5	sì	no	sì	no	pieno	£££	no	sì	F	4>60	no
x_6	no	sì	no	sì	alc	££	sì	sì	I	0–10	sì
x_7	no	sì	no	no	ness	£	sì	no	hamb	0–10	no
x_8	no	no	no	sì	alc	££	sì	sì	Thai	0–10	sì
x_9	no	sì	sì	no	pieno	£	sì	no	hamb	>60	no
x_{10}	sì	sì	sì	sì	pieno	£££	no	sì	I	10–30	no
x_{11}	no	no	no	no	ness	£	no	no	Thai	0–10	no
x_{12}	sì	sì	sì	sì	pieno	£	no	no	hamb	30–60	sì

e i pesi dati da:

$$W = \begin{bmatrix} \cdot & 2 & 0{,}1 & \cdot \\ \cdot & \cdot & \cdot & 4 \\ \cdot & \cdot & \cdot & -1 \\ \cdot & \cdot & \cdot & \cdot \end{bmatrix},$$

e con le funzioni di trasferimento

$$h_3(z) = h_4(z) = \frac{1}{1+e^{-z}},$$

e i dati di training:

$$x^{(1)} = [0], x^{(2)} = [1],$$
$$d^{(1)} = [2], d^{(2)} = [4].$$

5.6. Dato il seguente risultato Tabella 5.10 come l'applicazione di un algoritmo di classificazione:

Tabella 5.10. Tabella per l'esercizio 5.6

Dati	Classe del valore reale	Classe del valore predetto
Data	H	H
Data	L	H
Data	H	H
Data	H	L
Data	H	L

Si calcoli:

- la matrice di confusione per il problema a due classi;
- l'accuratezza;
- la precisione;
- la sensibilità;
- la specificità.

5.7. Sia dato il training set della Tabella 5.11, dove il rischio rappresenta la classe in cui è classificata la persona censita.

Tabella 5.11. Tabella per l'esercizio 5.7

Età	Tipo di Auto	Rischio
23	Familiare	H
17	Sportiva	H
43	Sportiva	H
68	Familiare	L
32	Suv	L
20	Familiare	H

- Costruire un modello che faccia predizione sulla classe di rischio sulla base delle variabili età e tipo di auto.
- Costruire a piacere delle righe di cui utilizzane il 20 % per il test del tuo modello.
- Cosrtuire un metodo di valutazione sull'algoritmo utilizzato.

5.8. Dato un albero di decisione, si hanno due opzioni: (a) convertire l'albero in regole e poi tagliarlo, o (b) tagliare l'albero e poi convertirlo in regole. Qual è il vantaggio di (a) o di (b)?

5.9. Scrivere un algoritmo di classificazione per k-nearest neighbor classification, dato k, e n il numero degli attributi che descrive il campione.

5.10. Si consideri la seguente distribuzione di probabilità.

Tabella 5.12. Tabella per l'esercizio 5.10

Probabilità	Economia	Politica	Sport
$P(x_i)$	0,90	0,05	0,05
$P(A|x_i)$	0,20	0,05	x
$P(B|x_i)$	0,35	0,45	0,20
$P(C|x_i)$	0,30	y	z

Quali valori si devono assegnare alle celle x, y e z affinché l'istanza $(A, B, \sim C)$ sia classificata come Sport da un classificatore Naïve Bayes?

a) $x = 0{,}1$, $y = 1$ e $z = 0$.
b) $x = 0{,}75$, $y = 0{,}5$ e $z = 0{,}5$.
c) $x = 0{,}75$, $y = 1$ e $z = 0$.
d) ∞.
e) Non esiste alcun assegnamento.

Serie Temporali

Esplorazione ≫ *Modellazione* ≫ Valutazione

In questo capitolo illustriamo, l'applicazione degli algoritmi ad un database contenente delle serie temporali, utilizzando algoritmi di similarità e predittivi. Lo studio dei database contenente serie temporali di determinati fenomeni o eventi ha preso sempre più rilevanza nelle applicazioni in campo scientifico ma anche in quello commerciale ed industriale. Quando un modello viene applicato a questi tipi di dati, il risultato è la previsione di un comportamento futuro.

6.1 Criteri di similarità

Molte applicazioni che utilizzano andamenti finanziari e di marketing richiedono certi criteri di similarità temporali sui dati. Cercare dei pattern simili ad alcuni comportamenti già conosciuti può aiutare a predire o a fare delle ipotesi di test.

Usiamo le convenzioni seguenti, prese da [93]. Se S e Q sono due sequenze:

- $\text{Len}(S)$ è la lunghezza di S;
- $S[i:j]$ è la sottosequenza in S individuata dalla posizione i alla j;
- $d(S, Q)$ è la distanza fra le due sequenze.

Possiamo classificare, data una sequenza, due tipi di query di similarità.

1. **Whole matching**: date N sequenze dati $S_1, S_2, \ldots, S_N$ e una sequenza query Q, tutte della medesima lunghezza, si vogliono trovare tutte le sequenze che distano al massimo ϵ da Q: $d(S_i, Q) \leq \epsilon$.
2. **Subsequence matching**: date N sequenze dati $S_1, S_2, \ldots, S_N$ di lunghezza arbitraria, una sequenza query Q e una tolleranza ϵ, si vogliono identificare le sequenze S_i $(1 \leq i \leq N)$ che contengano sottosequenze con distanza minore o uguale a ϵ da Q. Per quelle sequenze, si riporti anche l'offset della sottosequenza che corrisponde alla sequenza query.

Dulli S., Furini S., Peron E.: Data mining. © Springer-Verlag Italia 2009, Milano

Per estrarre le feature da una serie si potrebbe pensare di memorizzare tutti i valori della serie, ma questo renderebbe gli algoritmi di ricerca poco robusti ed efficienti. Si lavora pertanto nel campo delle frequenze associate alla serie di Fourier discreta *(dft)*[131, 152] e dagli spettri dei segnali si decide quali sono le feature che li caratterizzano.

Secondo la serie di Fourier un segnale $\mathbf{x} = [x_i]$, $i = 0,1..., n - 1$ discreto è definito come una sequenza di numeri complessi X_F [10] $F = 0,1...n - 1$ data dall'espressione:

$$X_F = \frac{1}{\sqrt{n}} \sum_{i=0}^{n-1} x_i e^{-j2\pi \frac{F_i}{n}} \qquad F = 0,1, ...n-1. \qquad (6.1)$$

Dove j è l'unità immaginaria $j = \sqrt{-1}$. Il segnale $\mathbf{x}$ può essere restituito grazie alla funzione inversa alla serie di Fourier che permette la ricostruzione del segnale in input. L'energia del segnale è definita:

$$x_i = \frac{1}{\sqrt{n}} \sum_{F=0}^{n-1} X_F e^{j2\pi \frac{F_i}{n}} \qquad i = 0,1, ...n-1. \qquad (6.2)$$

L'energia di una sequenza è costruita come la somma delle energie di ogni punto della sequenza:

$$E(x_i) \equiv \| \mathbf{x_i} \|^2 = \sum_{i=1}^{n-1} |x_i|^2. \qquad (6.3)$$

Una fondamentale relazione utile anche per le serie temporali è il teorema di Parseval. Il teorema di Parseval implica una relazione fra l'energia del segnale e la distanza euclidea. In effetti la serie di Fourier preserva la distanza euclidea [131] che per trasformazioni ortonormali equivale esattamente all'energia del segnale.

Teorema 6.1. *Data* $\mathbf{X}$ *trasformata di Fourier di una sequenza* $\mathbf{x}$, *si ha:*

$$\sum_{i=0}^{n-1} | x_i |^2 = \sum_{F=0}^{n-1} | X_F |^2 . \qquad (6.4)$$

Vengono presi del segnale solo alcuni coefficienti k con $k = 2,3$ facendo una specie di lower-bounding per implementare la tecnica di filter and refine e sottostimare la distanza in valori numerici fra due sequenze, eliminando il calcolo di tutte le sequenze positive. La riduzione di dimensionalità è legata allo studio di classi di rumori colorati con spettri di energia nella forma $O(F^{-b})$. Questo implica che i primi coefficienti spiegano bene la serie perché contengono molta energia e anche perché più aumenta il numero dei coefficienti della serie più questi tendono a zero. Possiamo classificare 3 tipi di modellizzazioni secondo Birkhoff [140]:

- se $b = 2$ viene chiamata random walk o brownian walk ed è usata per la modellizzazione delle serie azionarie e dei cambi monetari;

- se $b = 1$ pink noise secondo la teoria di Birckoff [140] servono per modellare segnali musicali;
- se $b > 2$ black noise, adeguato per modellare le variazioni dei livelli dei fiumi.

Algoritmo di ricerca delle sottosequenze

Il problema è definito come segue:

- data una collezione di N sequenze di numeri reali S_1, S_2, S_N, ognuna delle quali può avere lungezza diversa;
- l'utente definisce una sottosequenza query Q di lunghezza $Len(Q)$ e una tolleranza ϵ;
- vogliamo trovare tutte le sottosequenze S_i ($1 \leq i \leq N$), assieme all'offset k, tali che la sottosequenza $S_i[k : k + Len(Q) - 1]$ trovi una corrispondenza con la sequenza query: $D(Q; S_i[k : k + Len(Q) - 1]) \leq \epsilon$.

Il problema viene affrontato sfruttando l'approccio usato per il match di sequenze complete, e assumendo che sia ragionevole definire che le query abbiano una lunghezza minima identificata come L. Il segnale viene suddiviso in rettangoli chiamati MBR (*minimun bounding (hyper)-rectangle*) indicizzati nei seguenti passi:

1. **Calcolo dei DFT - Trail di S**: per ogni sequenza S, si considera una sliding window di lunghezza L, che permette di spezzare il segnale in sottosequenze, e si estraggono da questa i primi k coefficienti della DFT. Se S ha lunghezza $Len(S)$, il numero di punti k-dimensionali (posizioni della sliding window) è pari a $Len(S) - L + 1$, e la sequenza di tali punti viene chiamata trail di S.
2. **Sub Trail**: anziché memorizzare tutti i punti del trail di S, si sfrutta l'osservazione che punti successivi del trail sono "vicini," a causa della banda limitata del segnale. Si spezza quindi il segnale e quindi i trail in una serie di sub-trail.
3. **Minimun Bounding Rectangle**: un insieme di sub-trail è approssimato da un MBR (minimun bounding rectangle); per ogni sequenza si memorizzano una serie di rettangoli. Invece di memorizzare 1000 punti si memorizzano soltanto qualche MBR.
4. **Query**: i rettangoli MBR sono indicizzati con un SAM (R-tree o simile) e le query vengono risolte mediante tale indice.

Ora rimane da verificare come può essere condotta una query Q su queste sequenze S memorizzate nei MBR. Il metodo di ricerca è chiamato ST-index e ha a disposizione solo MBR di lunghezza L perché sono quelle memorizzate dalla sliding-window. Il metodo si divide in queste fasi (ST-Index):

1. la query ha $Len(Q) = L$: si usa un raggio per la ricerca pari a r, che serve per reperire tutti gli MBR che intersecano la sfera di raggio r;
2. la query ha $L \leq Len(Q) \leq 2L$: si considera il prefisso di lunghezza L, e si esegue la query come nel primo caso. Questo perché se $d(S, Q) \leq r$, allora anche ogni sottosequenza di S ha distanza $\leq r$ dalla corrispondente sottosequenza di Q;
3. la query ha $Len(Q) > L$: si considera il più lungo prefisso di Q che sia multiplo di L ($p \cdot L \cdot Len(Q) < (p+1)L$). Si eseguono p sub-query, ognuna di

lunghezza L, con raggio pari a $\frac{r}{\sqrt{p}}$, in quanto: se $d(S, Q) < r$, allora almeno una sottosequenza di S è a distanza $\frac{r}{\sqrt{p}}$ dalla corrispondente sottosequenza di Q.

La Figura 6.1 mostra un esempio di un segnale diviso in MBR, sul quale viene effettuata una ricerca (Figura 6.2).

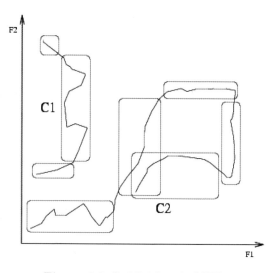

Figura 6.1. Suddivisione in MBR

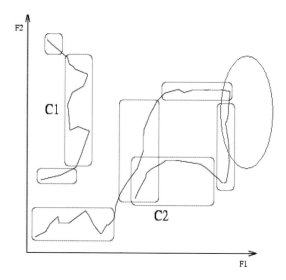

Figura 6.2. Ricerca all'interno di un MBR

6.2 Dynamic Time Warping

La distanza DTW è stata originariamente proposta come soluzione del problema di riconoscimento vocale [142, 150].

6.2.1 Definizione del problema

Date due serie di dati X e Y di lunghezza n e m rispettivamente:

$$X = x_1, x_2, \ldots, x_i, \ldots, x_n$$
$$Y = y_1, y_2, \ldots, y_j, \ldots, y_m \tag{6.5}$$

dobbiamo allineare queste due sequenze usando l'algoritmo DTW [7, 132].

Si consideri una matrice $n \times m$ chiamata D, dove $d(i, j)$ è la distanza fra x_i e y_j. Esistono molte metriche usate per il calcolo delle distanze. Tipicamente viene usata la distanza euclidea:

$$d(i, j) = \sqrt{(x_i - y_j)^2} \tag{6.6}$$

e quindi, a questo punto è possibile costruire un percorso di allineamento tra le due serie di dati. L'allineamento ottimo tra la serie di dati X e la serie di dati Y viene ottenuto minimizzando la distanza locale $d(i, j)$ tra la serie di punti X e di Y. Viene perciò costruita una matrice D $n \times m$ con la seguente procedura:

1. vengono assegnati i seguenti valori alle posizioni $(0, 0)$, $(1, 1)$, $(i, 0)$, $(0, j)$:
   $D(0, 0) = 0$,
   $D(1, 1) = d(1, 1)$,
   $D(i, 0) = \infty$ per $1 \leq i \leq n$,
   $D(0, j) = \infty$ per $1 \leq i \leq n$.

2. i valori rimanenti della matrice vengono assegnati usando una procedura ricorsiva:

$$D(i, j) = d(i, j) + min \begin{cases} D(i - 1, j - 1) \\ D(i - 1, j) \\ D(i, j - 1). \end{cases} \tag{6.7}$$

Un passo ulteriore è richiesto per ottenere l'allineamento ottimale tra X e Y, ovvero il warping path ottimale W. W è definito come un percorso continuo di elementi w_k nella matrice D, dove ogni w_k corrisponde ad un elemento $D(i, j)$ della matrice D, scelto in modo da ottimizzare l'allineamento tra X e Y (Figura 6.3).

Il path completo di warping è descritto come:

$$W = w_1, w_2, \ldots, w_k, \ldots, w_K \qquad \max(m, n) \leq K < m + n - 1. \tag{6.8}$$

La ricerca del path è vincolata dalle condizioni seguenti.

- *Condizioni di confine.* $w_1 = (1, 1)$ e $w_k = (n, m)$. Questo significa che il warping path deve iniziare e finire negli elementi $D_{1,1}$ e $D_{n,m}$ della matrice.

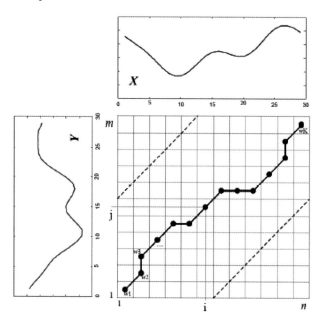

Figura 6.3. Warping path

- *Continuità*. Dato $w_k = (a, b)$, allora $w_{k+1} = (a', b')$, dove $a' - a \leq 1 e b' - b \leq 1$. Questo forza il warping a muoversi su celle adiacenti in orizzontale diagonale o verticale.
- *Monotonicità*. Dato $w_k = (a, b)$, allora $w_{k+1} = (a', b')$, dove $a' - a \geq 0$ e $b' - b \geq 0$. Questo assicura al path di proseguire ad ogni passo verso $D_{n,m}$ e di non tornare indietro verso $D_{1,1}$.

Il path ottimale è ottenuto minimizzando la:

$$\mathrm{DTW}(X, Y) = \min \left(\frac{\sqrt{\sum_{k=1}^{K} w_k}}{K} \right). \tag{6.9}$$

La costante normalizzazione per il valore K è usata per compensare il fatto di avere warping path con diverse lunghezze in modo da ottimizzare l'allineamento locale tra le serie di dati. Per ricostruire il path si richiede di memorizzare un'altra struttura oltre a D, che chiameremo b usata per memorizzare la direzione del path. Il path viene ricavato a posteriori avvalendosi di questo puntatore. La distanza DTW tra le due serie di dati X e Y è definita come $D(n, m)$.

6.2.2 Formalizzazione dell'algoritmo

Fase 1: caratterizzare il più lungo cammino comune.
Una tecnica a forza bruta per risolvere il problema del più lungo cammino comune consiste nell'enumerare tutte i cammini di X e controllare se di questi ve ne sono che possono essere Warping Path per Y, tenendo traccia del cammino a costo ottimo. Ogni cammino di X corrisponde a un sottoinsieme degli indici $1, 2, \ldots, n$ di X. Ci sono 2^n cammini di X, quindi questo approccio richiede un tempo esponenziale, rendendolo poco conveniente per ricerche ottimali. Tuttavia, il problema della DTW gode della proprietà della sottostruttura ottima, come dimostra il seguente teorema. Come vedremo, le classi naturali di sottoproblemi corrispondono a sottocammini ottimi precedenti. Più precisamente, data una serie $X = x_1, x_2, \ldots, x_n$, definiamo $X_i = x_1, x_2, \ldots, x_i$ l'i-esimo prefisso di X, per $i = 0, 1, \ldots, n$.

Algoritmo 6.1: Dynamic Time Warping

   input : X, Y, d
   output: matrice $\mathcal{D}$, vettore di direzione b

1 $n = length[X]$
2 $m = length[Y]$
3 $\mathcal{D}[0,0] = 0$
4 **for** $j = 1$ *to* m **do**
5      $\mathcal{D}[0,j] = \infty$
6 **end**
7 **for** $i = 1$ *to* n **do**
8      $\mathcal{D}[i,0] = \infty$
9 **end**
10 **for** $i = 1$ *to* m **do**
11   **for** $j = 1$ *to* n **do**
12   **if** $\mathcal{D}[i-1,j-1] < \min\{\mathcal{D}[i,j-1], \mathcal{D}[i-1,j]\}$ **then**
13             $\mathcal{D}[i,j] = d(i,j) + \mathcal{D}[i-1,j-1]$
14             $b[i,j] = D$
15   **else**
16   **if** $\mathcal{D}[i-1,j] \geq \mathcal{D}[i,j-1]$ **then**
17                 $\mathcal{D}[i,j] = d(i,j) + \mathcal{D}[i,j-1]$
18                 $b[i,j] = L$
19   **else**
20                 $\mathcal{D}[i,j] = d(i,j) + \mathcal{D}[i-1,j]$
21                 $b[i,j] = R$
22   **end**
23   **end**
24   **end**
25 **end**
26 **return** $\mathcal{D}$ e b

Teorema 6.2 (Sottostruttura ottima di una DTW). *Siano* $X = x_1, x_2, \ldots,$ *x_n e $Y = y_1, y_2, \ldots, y_m$ le serie da confrontare; sia $Z = z_1, z_2, \ldots, z_k$ una qualsiasi DTW ottima di X e Y. Si parte presupponendo di avere a disposizione la sottostruttura ottima che collega un punto di X con un punto di Y (identificandolo con Z)*

$$Z = \text{DTW}(X, Y) \tag{6.10}$$

$$|Z| = \min \text{DTW}(w_i, w_j) \qquad 1 \le i \le n \ \ e \ \ 1 \le j \le n. \tag{6.11}$$

Dimostrazione. Se Z non fosse una DTW(X, Y) allora esisterebbe un'altra sottostruttura ottima ma questo non può essere vero e andrebbe contro al principio di ottimalità.

Definita d come matrice delle distanze e b come vettore di direzione:

$$\text{DTW}(i,j) = \begin{cases} d(0,0) & i = j = 0 \\ d(0,j) + D(0, j-1) & i = 0, j \ge 1 \\ d(i,0) + D(i-1,1) & j = 0, i \ge 1 \\ d(i,j) + \\ \quad + \min(D(i-1,j), D(i,j-1), D(i-1,j-1)) & i,j \ge 1. \end{cases} \tag{6.12}$$

$$b(i,j) = \begin{cases} D = (i-1, j-1) \\ L = (i, j-1) \\ R = (i-1, j). \end{cases} \tag{6.13}$$

Esempio 6.3 (Applicazione dell'algoritmo DTW). Applicare l'algoritmo DTW alle serie temporali X e Y di Figura 6.4.

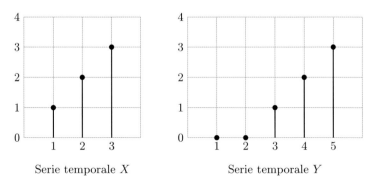

Serie temporale X Serie temporale Y

Figura 6.4. Esempio DTW

La matrice D dopo i primi passi di inizializzazione risulta come in Tabella 6.1.

Tabella 6.1. Matrice D dopo la prima inizializzazione

	0	1	2	3
0	0	∞	∞	∞
1	∞			
2	∞			
3	∞			
4	∞			
5	∞			

Applicando l'algoritmo DTW, la matrice D viene completata come mostrato nella Tabella 6.2.

Tabella 6.2. Matrice D completata secondo l'algoritmo DTW

	0	1	2	3
0	0	∞	∞	∞
1	∞	$\nwarrow 1$	$\leftarrow 3$	$\leftarrow 6$
2	∞	$\uparrow 2$	$\nwarrow 3$	$\leftarrow 6$
3	∞	$\uparrow 2$	$\leftarrow 3$	$\leftarrow 5$
4	∞	$\uparrow 3$	$\nwarrow 2$	$\leftarrow 3$
5	∞	$\uparrow 5$	$\uparrow 3$	$\leftarrow 2$

Esempio 6.4. Date le serie di dati g_1, g_2, g_3, g_4 (ad esempio si potrebbe trattare di valori monitorati in 4 istanti temporali) si calcoli la distanza euclidea, la correlazione e la distanza DTW tra la serie di dati a segno di esempio.

Serie	t_1	t_2	t_3	t_4
g_1	1	4	1	4
g_2	1	2	3	2
g_3	0	3	0	3
g_4	2	3	2	1

In tabella si riportano le distanze (o le misure di similarità) tra tutte le coppie di variabili g_1, g_2, g_3, g_4.

	Distanza DTW	Distanza euclidea	Correlazione
$D(g_1, g_2)$	8	6,481	−0,636
$D(g_1, g_3)$	4	8,124	−0,262
$D(g_1, g_4)$	8	4,243	+0,819
$D(g_2, g_3)$	6	5,099	+0,262
$D(g_2, g_4)$	3	3,162	−0,818
$D(g_3, g_4)$	6	5,292	+0,145

Come si vede dalla la distanza euclidea non è adatta per descrivere la somiglianza tra i profili ma ha solo tra i valori assoluti di espressione. La correlazione, invece identifica i profili correlati con segno positivo o negativo ma è sensibile allo shift tra profili. Si può notare che la correlazione vede correlati g_1 e g_4 con un valore abbastanza alto 0,819. La distanza DTW, infine, è in grado di raggruppare profili simili anche se presentano uno scorrimento dell'uno rispetto all'altro; si noti infatti che riesce a riconoscere la somiglianza tra le coppie (g_1 ,g_3) e (g_2, g_4).

6.3 Il filtro di Kalman

Il filtro di Kalman è un efficiente filtro ricorsivo che valuta lo stato di un sistema dinamico a partire da una serie di misure soggette a rumore. Questo filtro è spesso utilizzato per ottenere una migliore valutazione di un dato ottenuto dalla lettura di più sensori, ognuno caratterizzato da un rumore di misura avente caratteristiche differenti nel tempo (e quindi nella frequenza) [127].

Per le sue caratteristiche intrinseche è un filtro ottimo per rumori e disturbi agenti sui sistemi gaussiani a media nulla. Il filtro di Kalman richiama il problema più generale della stima dello stato $x \in \mathbb{R}^n$ di un processo a tempo discreto che è governato da equazioni alle differenze finite:

$$x_{k+1} = A_k x_k + B u_k + w_k. \tag{6.14}$$

La stima viene effettuata per mezzo di successive misurazioni $z \in \mathbb{R}^m$ tali che

$$z_k = H_k x_k + v_k. \tag{6.15}$$

Le variabili casuali w_k e v_k rappresentano rispettivamente il rumore di processo e di misurazione. Essi sono assunti come indipendenti, bianchi e con distribuzione di probabilità normale

$$p(w) \sim N(0, Q), \tag{6.16}$$

$$p(v) \sim N(0, R). \tag{6.17}$$

La matrice A $n \times n$ dell'equazione differenziale 6.14 lega lo stato al tempo k con lo stato al tempo $k + 1$, in assenza di funzioni di comando (input) e di rumore di processo. La matrice B $n \times l$ lega l'input $u \in \mathbb{R}^l$ con lo stato x. La matrice H $m \times n$ nell'equazione della misurazione 6.15 lega lo stato alla misurazione z_k.

6.3.1 Le origini del filtro

Si definisce $\hat{x}_k^{(-)} \in \mathbb{R}^n$ come la stima dello stato eseguita a priori, ovvero al passo k data la conoscenza del processo prima del passo k, e $\hat{x}_k^{(+)} \in \mathbb{R}^n$ come la stima dello stato eseguita a posteriori, cioè al passo k una volta nota la misurazione z_k. Si può così definire l'errore di stima a priori ed a posteriori come

$$e_k^{(-)} \equiv x_k - \hat{x}_k^{(-)}, \qquad (6.18)$$

$$e_k^{(+)} \equiv x_k - \hat{x}_k^{(+)}. \qquad (6.19)$$

La covarianza dell'errore stimata a priori è perciò

$$P_k^{(-)} = E[e_k^{(-)} e_k^{(-)\,T}] \qquad (6.20)$$

e la covarianza dell'errore stimata a posteriori

$$P_k^{(+)} = E[e_k^{(+)} e_k^{(+)\,T}]. \qquad (6.21)$$

Derivando le equazioni per il filtro di Kalman, si procede ricercando un'equazione che computi una stima a posteriori $\hat{x}_k^{(+)}$ come una combinazione lineare di un $\hat{x}_k^{(-)}$ stimato a priori e di una differenza pesata tra la misurazione attuale z_k ed una previsione per la misurazione

$$H_k \hat{x}_k^{(-)}. \qquad (6.22)$$

La stima a posteriori risulta pertanto

$$\hat{x}_k^{(+)} = \hat{x}_k^{(-)} + K(z_k - H_k \hat{x}_k^{(-)}). \qquad (6.23)$$

La differenza $(z_k - H_k \hat{x}_k^{(-)})$ nella 6.23 è detta innovazione di misurazione o residuo. Essa riflette la discrepanza tra la previsione di misurazione $H_k x_k^{(-)}$ la misurazione attuale z_k. Un residuo nullo implica che le due quantità sono in perfetto accordo. La matrice $n \times m$ K nella 6.23, detta guadagno di Kalman o blending factor, si determina in modo da minimizzare la covarianza dell'errore a posteriori 6.21.

Questa minimizzazione può essere effettuata sostituendo la 6.23 nella precedente definizione di $e_k^{(+)}$, introducendo la relazione così ricavata nella 6.21, derivando rispetto a K, eguagliando a zero ed infine risolvendo rispetto a K. Per maggiori dettagli si può vedere [46, 117, 118]. Una possibile forma del guadagno che minimizza la 6.21 è data dalla seguente espressione:

$$K_k = P_k^{(-)} H_k^T (H_k P_k^{(-)} H_k^T + R_k)^{-1}. \qquad (6.24)$$

Osservando la 6.24 si può vedere che al tendere a zero della covarianza dell'errore di misurazione R_k, il guadagno K pesa il residuo in maniera via via più ingente. Specificatamente

$$\lim_{R_k \to 0} K_k = H^{-1}. \qquad (6.25)$$

D'altra parte, al tendere a zero della covarianza dell'errore di stima a priori $P_k^{(-)}$, il guadagno K pesa il residuo in maniera via via meno ingente. Specificatamente

$$\lim_{P_k^{(-)} \to 0} K_k = 0. \tag{6.26}$$

Un altro modo di pensare l'azione di K è che quando la covarianza dell'errore R_k tende a zero, la misurazione z_k diviene via via più vera, mentre la previsione della misurazione sempre meno. D'altro canto, quando la covarianza dell'errore di stima a priori $P_k^{(-)}$ tende a zero, la misurazione attuale z_k è via via meno vera, mentre la previsione della misurazione si avvicina sempre più al valore corretto. Attraverso alcune semplici operazioni di calcolo matriciale è altresì possibile esprimere il guadagno di Kalman K nella seguente forma

$$K_k = P_k^{(+)} H_k R^{-1} \tag{6.27}$$

con

$$P_k^{(+)} = P_k^{(-)} (I + H_k^T R^{-1} H_k P_k^{(-)})^{-1}. \tag{6.28}$$

Se $H_k = 1$, è immediato che

$$K_k = P_k^{(+)} R^{-1} \tag{6.29}$$

e si può quindi osservare che K_k è direttamente proporzionale alla covarianza dell'errore ed inversamente proporzionale alla varianza dell'errore di misurazione:

- tanto maggiore è l'errore che si è commesso nella stima precedente e tanto maggiore è l'affinamento della stima attuale (guadagno) indotto dal filtraggio;
- tanto meno le misurazioni si discostano dal valore reale, tanto più sarà possibile ottenere stime precise.

6.3.2 Le origini probabilistiche del filtro

La giustificazione per la 6.23 ha le sue radici nella probabilità della stima a priori $\hat{x}_k^{(-)}$ condizionata da tutte le precedenti misurazioni z_k (regola di Bayes). Per ora è sufficiente evidenziare che il filtro di Kalman mantiene i primi due momenti della distribuzione degli stati

$$E[x_k] = \hat{x}_k^{(+)} \tag{6.30}$$

$$E[(x_k - \hat{x}_k^{(+)})(x_k - \hat{x}_k^{(+)})^T] = P_k^{(+)}. \tag{6.31}$$

La stima dello stato a posteriori 6.23 riflette la media (il primo momento) della distribuzione degli stati. Essa è normalmente distribuita se le condizioni espresse dalla 1.3 e dalla 1.4 sono verificate. La covarianza dell'errore di stima a posteriori (1.6) riflette la varianza della distribuzione degli stati (il secondo momento non-centrato).

In altri termini:

$$p(x_k|z_k) \sim N(E[x_k], E[(x_k - \hat{x}_k^{(+)})(x_k - \hat{x}_k^{(+)})^T]) = N(x_k, P_k). \tag{6.32}$$

Per maggiori dettagli sulle origini probabilistiche del filtro di Kalman si vedano [46, 117, 118].

6.3.3 L'algoritmo del filtro di Kalman discreto

Si procede iniziando questa sezione con una panoramica relativa alle operazioni di alto livello dell'algoritmo per il filtro di Kalman discreto che si intende trattare. Quindi si analizzeranno in dettaglio le specifiche equazioni ed il loro impiego in questa versione del filtro. Il filtro di Kalman fornisce una stima di un processo utilizzando una forma di controllo in feedback: il filtro stima il processo ad un certo istante e ottiene un feedback sotto forma di misurazione affetta da rumore. Le equazioni del filtro di Kalman ricadono in due gruppi: equazioni di time update ed equazioni di measurement update. Le prime sono responsabili della previsione dello stato attuale e della covarianza dell'errore, valutate per ottenere una stima a priori per lo step successivo. Le equazioni di measurement update sono responsabili del feedback: esse vengono impiegate per unire una nuova misurazione con la stima a priori al fine di ottenere una migliore stima a posteriori. Le equazioni di time update possono anche essere pensate come equazioni di predizione, mentre le equazioni di measurement update rappresentano le equazioni di correzione. In verità l'algoritmo di stima finale rassomiglia ad un algoritmo previsore-correttore per la risoluzione di problemi numerici. Le specifiche equazioni per l'algoritmo sono presentate nelle formule 6.33 e 6.34:

$$\hat{x}_{k+1}^{(-)} = A_k \hat{x}_k^{(+)} + B_k u_k \tag{6.33}$$

$$P_{k+1}^{(-)} = A_k P_k A_k^T + Q_k. \tag{6.34}$$

Le matrici A_k e B_k sono quelle presentate all'inizio di questo capitolo nell'espressione 6.14; mentre Q_k deriva dalla 6.16.

$$K_k = P_k^{(-)} H_k^T (H_k P_k^{(-)} H_k^T + R_k)^{-1} \tag{6.35}$$

$$\hat{x}_k^{(+)} = \hat{x}_k^{(-)} + K(z_k - H_k \hat{x}_k^{(-)}) \tag{6.36}$$

$$P_k^{(+)} = (I - K_k H_k) P_k^{(-)}. \tag{6.37}$$

La prima operazione durante la fase di aggiornamento per mezzo della misurazione consiste nel calcolo del guadagno K_k, equazione 6.35. Il passo successivo prevede la misurazione del processo al fine di ottenere z_k e quindi la determinazione della stima dello stato a posteriori, ottenuta incorporando la misurazione (espressione 6.36). La fase si conclude con il calcolo della stima della covarianza dell'errore a posteriori per mezzo della 6.37.

Dopo ogni esecuzione della coppia di measurement e time update, il processo viene ripetuto con la precedente stima a posteriori, output del processo di correzione, utilizzata per predire la nuova stima a priori, output del processo di predizione. Questa natura ricorsiva è una delle caratteristiche più importanti e attraenti del filtro di Kalman: essa rende l'implementazione molto più agevole di quanto non lo sia, ad esempio, quella del filtro di Wiener, che è realizzato per operare su tutti i dati direttamente ad ogni stima. Il filtro di Kalman invece condiziona ricorsivamente la stima corrente a tutte le stime passate. Lo schema a blocchi di funzionamento del filtro di Kalman discreto è illustrato nella Figura 6.5.

Algoritmo 6.2: Filtro di Kalman discreto

---

input : A, B, H (modello del sistema)

        Q, R (varianze degli errori di modello e di misura)

        $\hat{x}_0$, P_0 (stime iniziali dello stato e della varianza dell'errore sullo stato)

        u_k con $k \in \mathbb{N}$ (ingresso del sistema)

        z_k con $k \in \mathbb{N}$ (misure od uscita del sistema)

output: $\hat{x}_k$ con $k \in \mathbb{N}$ (stima dello stato del sistema)

```
/* Inizializzazione dell'algoritmo                              */
```
1   $\hat{x}_0^{(+)} = \hat{x}_0$; $P_0^{(+)} = P_0$;

2 **for** $k = 1, 2, 3, \ldots$ **do**

```
    /* predizione del nuovo valore dello stato                  */
```
3      $\hat{x}_k^{(-)} = A\hat{x}_{k-1}^{(+)} + Bu_k$;

```
    /* aggiornamento della varianza dell'errore di stato        */
```
4      $P_k^{(-)} = AP_k^{(+)}A^T + Q$;

```
    /* aggiornamento del guadagno del filtro                    */
```
5      $K_k = P_k^{(-)}H^T(HP_k^{(-)}H^T + R)^{-1}$;

```
    /* aggiornamento stima dello stato con la misura z_k        */
```
6      $\hat{x}_k^{(+)} = \hat{x}_k^{(-)} + K_k(z_k - H\hat{x}_k^{(-)})$;

```
    /* aggiornamento della varianza dell'errore di stato        */
```
7      $P_k^{(+)} = (I - K_kH)P_k^{(-)}$;

8   rendi disponibile $\hat{x}_k^{(+)}$;

9 **end**

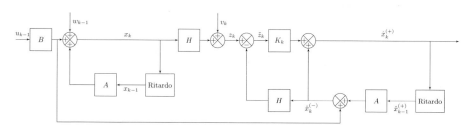

Figura 6.5. Schema a blocchi del sistema, del modello di misura e del filtro discreto di Kalman

6.3.4 Parametri del filtro e regolazione

In questa implementazione del filtro di Kalman le matrici R_k (covarianza dell'errore di misurazione) e Q_k (covarianza del rumore del processo) dovrebbero essere misurate prima che le operazioni del filtro vengano eseguite. Spesso la scelta di Q_k è deterministica. Questa sorgente di rumore è ad esempio impiegata per rappresentare l'incertezza nel modello del processo. Talvolta modelli molto semplificati possono essere impiegati inserendo abbastanza incertezza proprio attraverso la matrice Q_k. Certamente in questo caso è necessario che la misurazione dello stato e quindi del processo sia esatta. Che si abbia o meno un fondamento razionale per scegliere il valore dei parametri, l'ottimizzazione delle performance del filtro possono essere ottenute regolando i parametri del filtro Q_k e R_k. La regolazione è generalmente ottenuta fuori linea, frequentemente con l'aiuto di altri (distinti) filtri di Kalman. In conclusione si osserva che sotto le condizioni dove Q_k e R_k sono costanti, sia la covarianza dell'errore di stima $P_k^{(+)}$, sia il guadagno di Kalman K si stabilizzano rapidamente per poi rimanere costanti (si vedano le equazioni aggiornate del filtro 6.33). Se è il caso, questi parametri possono essere pre-processati per mezzo di un filtro fuori linea o, per esempio, determinando il valore dello stato stazionario di $P_k^{(+)}$ come descritto in [117]. Questo è frequentemente il caso in cui l'errore di misurazione non rimane costante. In tal caso è necessario l'aggiornamento dinamico dei valori della matrice di covarianza corrispondente.

6.3.5 Stima di una variabile casuale con il filtro di Kalman

Il modello del processo

In questo semplice esempio si cercherà di stimare una costante scalare di valore unitario. Si assuma di avere la possibilità di misurare la costante, ma che la misurazione sia corrotta da rumore bianco di misurazione. In questo esempio, il processo è governato dalla seguente equazione lineare

$$x_{k+1} = A_k x_k + B_k u_k + w_k = x_k + w_k. \tag{6.38}$$

La misurazione $z_k \in \mathbb{R}$ è

$$z_k = H_k x_k + v_k = x_k + v_k. \tag{6.39}$$

Lo stato non muta da un'iterazione all'altra e pertanto

$$A = 1; \tag{6.40}$$

non essendovi input di comando, il vettore u è nullo. Inoltre, poiché la misurazione fornisce direttamente lo stato del processo,

$$H = 1. \tag{6.41}$$

Si noti che è possibile omettere il pedice k in molti casi poiché si sta stimando una costante.

Le equazioni del filtro ed i parametri

Le equazioni di time update sono

$$\hat{x}_{k+1}^{(-)} = \hat{x}_k^{(+)}, \tag{6.42}$$

$$P_{k+1}^{(-)} = P_k^{(+)} + Q_k \tag{6.43}$$

e quelle di measurement update sono

$$K_k = P_k^{(-)}(P_k^{(-)} + R_k)^{-1}, \qquad (6.44)$$

$$\hat{x}_k^{(+)} = \hat{x}_k^{(-)} + K(z_k - \hat{x}_k^{(-)}), \qquad (6.45)$$

$$P_k^{(+)} = (I - K_k)P_k^{(-)}. \qquad (6.46)$$

Supponendo una varianza del processo molto piccola, Q risulta pari a 10^{-5}. (Non si è scelto il valore nullo perché un valore non nullo consente maggiore flessibilità nella regolazione del filtro.) Si assuma adesso che sia noto, per esperienza, che il vero valore della variabile casuale che si intende stimare abbia una distribuzione di probabilità normale; così è possibile inizializzare il filtro secondo la supposizione che la stima a priori abbia valore zero. In altre parole, si è scelto $\hat{x}_0^{(+)} = 0$. Analogamente è necessario scegliere un valore iniziale per $P_0^{(+)}$. Se si fosse assolutamente certi che la stima dello stato iniziale $\hat{x}_0^{(0)} = 0$ fosse corretta, si potrebbe porre $P_0^{(-)} = 0$. D'altro canto, stante l'incertezza sul valore di x_0, la scelta $P_0^{(-)} = 0$ indurrebbe il filtro a credere sempre che $\hat{x}_k^{(+)} = 0$. Data la capacità di convergenza del filtro, qualunque scelta diversa da zero non è critica. Si è scelto di inizializzare il filtro con

$$P_0^{(+)} = 1.$$

La simulazione

Si intende stimare la costante $C = 1$. Non essendo sempre noto a priori secondo quale legge si distribuisce l'errore, si procede simulando una serie di 50 misurazioni distinte z_k che presentino errore normalmente distribuito attorno allo zero con una deviazione standard pari a 0,1 (e quindi varianza pari a 0,01). Come nel caso della stima della dimensione di un oggetto (grandezza costante affetta da un errore dimisurazione), si procede generando una misurazione rumorosa (valore corretto più errore di misurazione) ad ogni iterazione del filtro. Sia R il valore della varianza di misurazione, si è fissato

$$R = (0{,}1)^2 = 0{,}01.$$

La Figura 6.6 riporta i risultati della simulazione. Il vero valore della costante ($C = 1$) è indicato dalla linea continua nera, le misurazioni rumorose dalle crocette e la stima fornita dal filtro è rappresentata dai punti. Precedentemente si è fatto riferimento alla capacità di convergenza del filtro; la Figura 6.7 mostra come la scelta del valore iniziale di $P_0^{(+)}$ non sia critica, purché diversa da zero: la covarianza dell'errore, posta uguale a 1 all'inizio, decresce rapidamente durante la simulazione (si noti la scala logaritmica nelle ordinate), raggiungendo il valore $P_k^{(+)} = 0{,}339 \cdot 10^{-3}$.

Nelle Figure 6.8 e 6.9 viene mostrato il comportamento del filtro con due diversi valori della varianza dell'errore di misura R, rispettivamente 100 volte maggiore e 100 volte minore di quello effettivo. Le misurazioni di ingresso del filtro sono state

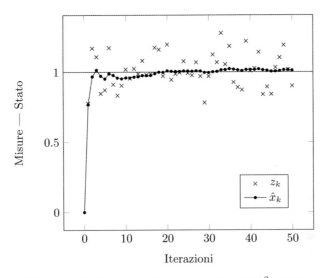

Figura 6.6. Prima simulazione con $R = (0{,}1)^2 = 0{,}01$

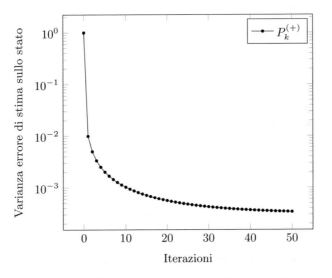

Figura 6.7. La varianza dell'errore sulla stima dello stato decresce rapidamente raggiungendo il valore $0{,}339 \cdot 10^{-3}$

mantenute le stesse della simualzione precedente per rendere più significativo il confronto. Nella Figura 6.8 il filtro crede che le misure siano meno significative nell'aggiornare la stima dello stato in quanto caratterizzate da una varianza maggiore e di conseguenza da una maggiore incertezza, quindi la sua risposta più lenta. Nella Figura 6.9 al contrario, il filtro crede che le misure siano più precise, da qui la maggiore propensione ad aggiornare la stima dello stato.

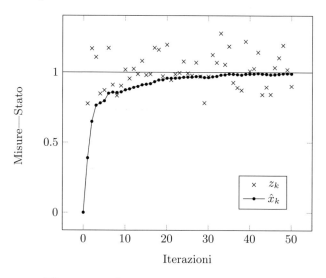

Figura 6.8. Seconda simulazione con $R = 1$

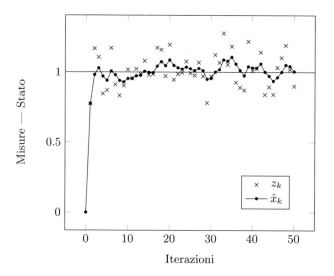

Figura 6.9. Terza simulazione con $R = (0{,}01)^2 = 0{,}000\,1$

Tali esempi vogliono dunque essere una semplice dimostrazione dell'azione del filtro di Kalman. In particolare i risultati evidenziano come il filtro di Kalman fornisca una stima notevolmente più affinata delle misurazioni rumorose e come tale stima sia accettabile già dopo poche iterazioni dell'algoritmo di filtraggio.

6.4 Analisi di regressione

È detto studio della connessione lo studio che si occupa della ricerca di relazioni fra due variabili statistiche o fra una mutabile e una variabile statistica o fra due mutabili statistiche. È di notevole interesse perché permette di individuare legami fra fenomeni diversi. Tale e può essere effettuato sia sull'intera popolazione statistica, sia su un campione estratto da essa. Esistono metodi diversi per la ricerca della connessione secondo che si vogliano esaminare i legami fra due variabili, oppure fra due mutabili, oppure fra una variabile e una mutabile. In statistica è più importante lo studio della connessione fra due variabili, studio che si può effettuare o ricercando se una variabile è dipendente dall'altra, oppure se si influenzano reciprocamente.

Funzione di regressione

È la funzione che esprime il legame di dipendenza di una variabile dall'altra è molto utile perché permette di valutare, entro i limiti dell'intervallo dei dati rilevati, il valore della variabile dipendente al variare della variabile indipendente. Ad esempio, se di un bene, non di prima necessità, si sono rilevate, al variare del prezzo, le relative quantità domandate, si può determinare, mediante il metodo dei minimi quadrati, la funzione della domanda che esprime il legame fra il prezzo e la quantità domandata dai consumatori e quindi il produttore ha la possibilità di prevedere, per un prezzo prefissato, la corrispondente quantità di bene domandata. La funzione più utilizzata, soprattutto se i dati rilevati sono numerosi, è la funzione lineare; si parla allora di regressione lineare. Se invece fra le due variabili non esiste un legame di dipendenza di una variabile dall'altra si possono verificare i seguenti casi:

- esse possono influenzarsi reciprocamente, cioè esiste fra loro una correlazione;
- possono essere entrambe dipendenti da un'altra grandezza;
- possono essere indipendenti.

Il confronto fra due variabili si effettua solo se fra esse esiste un legame logico, perché la meccanica applicazione delle diverse tecniche può portare a risultati assurdi. Siano X e Y due variabili statistiche (oppure, come si preferisce dire, sia data una variabile statistica doppia di cui X e Y sono le componenti), consideriamo le coppie (x_i, y_i) dei valori associati; se il numero delle coppie non è grande, si usa una tabella a semplice entrata, altrimenti una tabella a doppia entrata. Lo studio della regressione consiste nella determinazione di una funzione matematica che esprime la relazione fra le variabili. Sia Y la variabile dipendente e X la variabile indipendente. Se esiste una relazione lineare, i punti si distribuiscono vicino a una retta; se invece i punti sono molto dispersi, come nel terzo schema, non esiste alcuna relazione.

6.4.1 Retta di regressione di Y rispetto a X

Si ottiene applicando il metodo dei minimi quadrati: il coefficiente di regressione b_1 indica di quanto varia la Y al variare di una unità di X e se Y è crescente o decrescente. Se, per esempio, b_1 valesse 10, al crescere di una unità di X, la Y crescerebbe di 10 unità, mentre se b_1 valesse 0,5, al crescere di una unità di X, la Y crescerebbe di mezza unità.

$$Y = a_1 + b_1 x \tag{6.47}$$

$$a_1 = \hat{y} - b_1 \hat{x} \tag{6.48}$$

$$b_1 = \frac{\sum_{i=1}^{i=n} x_i' y_i'}{\sum_{i=1}^{i=n} x'^2}. \tag{6.49}$$

6.4.2 Retta di regressione di X rispetto a Y

Si può anche determinare, se ha senso logico, la retta di regressione di X rispetto a Y, che ha equazione (ottenuta dalla precedente scambiando X con Y). Le rette di regressione possono anche essere scritte nel modo seguente, sostituendo ad a_1 e a_2 le loro espressioni:

$$Y = a_2 + b_2 x \tag{6.50}$$

$$a_2 = \hat{x} - b_1 \hat{y} \tag{6.51}$$

$$b_2 = \frac{\sum_{i=1}^{i=n} x_i' y_i'}{\sum_{i=1}^{i=n} y'^2} \tag{6.52}$$

da cui si deduce che entrambe passano per il punto $(\hat{x}; \hat{y})$ baricentro della distribuzione, le cui coordinate sono le medie aritmetiche, rispettivamente dei valori di X e dei valori di Y. Le due rette di regressione coincidono quando tutti i punti del diagramma a dispersione appartengono a una retta; mentre quanto maggiore è la dispersione, tanto maggiore è l'angolo formato dalle due rette. Caso estremo si ha quando $b_1 = b_2 = 0$; le rette, allora, hanno equazione $y = \hat{y}$ e $x = \hat{x}$ e sono, quindi, parallele agli assi cartesiani. È però importante notare che la condizione $b_1 = b_2 = 0$, in generale, non indica che le due variabili X e Y sono indipendenti, ma piuttosto indica che non esiste regressione lineare, ossia che le due variabili non sono linearmente dipendenti (potrebbero però essere legate da una relazione di tipo parabolico, o di tipo esponenziale, ecc.).

$$y - \hat{y} = b_1 (x - \hat{x}) \tag{6.53}$$

$$x - \hat{x} = b_2 (y - \hat{y}). \tag{6.54}$$

6.4.3 Relazione fra i coefficienti angolari b_1 e b_2

$$b_1 b_2 = \frac{\sum x_i' y_i'}{\sum (x_i')^2} * \frac{\sum x_i' y_i'}{\sum (y_i')^2} = \frac{(\sum x_i' y_i')^2}{\sum (y_i')^2 \sum (x_i')^2} = r^2, \qquad (6.55)$$

$$r = \pm\sqrt{b_1 b_2} \qquad (6.56)$$

cioè r è la media geometrica dei due coefficienti di regressione, preceduta dal segno $+$ se i due coefficienti sono positivi e $-$ se i due coefficienti sono negativi.

Esempio 6.5 (Calcolo della retta di regressione). Data la seguente tabella dell'andamento di un titolo in 6 momenti diversi con il profitto e le spese, determinare graficamente la retta di regressione e calcolare il coefficiente di correlazione.

Titolo	Profitto	Spese
A	50	20
B	60	40
C	30	14
D	85	50
E	95	60
F	40	26

Costruiamo la tabella:

	x	y	x'	y'	x'y'	x'^2	y'^2
A	50	20	-10	-15	150	100	225
B	60	40	0	5	0	0	25
C	30	14	-30	-21	630	900	441
D	85	50	25	15	375	625	225
E	95	60	35	25	875	1225	625
F	40	26	-20	-9	180	400	81
Totale	360	210			2210	3250	1622

$$\hat{x} = \frac{360}{6} = 60$$

$$\hat{y} = \frac{210}{6} = 35$$

$$b_1 = \frac{2210}{3250} = 0{,}6800$$

$$b_2 = \frac{2210}{1622} = 1{,}3625.$$

Le rette di regressione hanno equazione:

$$y - 35 = 0{,}68(x - 60)$$

$$x - 60 = 1{,}3625(y - 35)$$

e il coefficiente di correlazione risulta essere:

$$r = \sqrt{0{,}68 \cdot 1{,}3625} = 0{,}96.$$

Osserviamo che essendo molto buona la correlazione, le due rette risulteranno vicine. Inoltre essendo $r^2 = 0{,}9265$ possiamo dire che il 92,65% della varianza di Y è spiegata dalla dipendenza della Y dalla X perciò il modello di regressione lineare esprime bene il legame fra le due variabili.

6.5 Esercizi di riepilogo

6.1. Data la seguente tabella della rilevazione della quantità di un bene richiesta dai consumatori al variare del prezzo:

Prezzo	Quantità
2	560
2,3	548
2,5	540
3	520
3,2	512
4,4	462

calcolare il coefficiente di correlazione lineare.

6.2. Data la seguente tabella della relazione fra due variabili X e Y:

X	Y
1	15
2	19
3	26
4	21
5	14

calcolare il coefficiente di correlazione lineare.

6.3. Date le serie di dati g_1, g_2, g_3, g_4 (ad esempio si potrebbe trattare di valori monitorati in 4 istanti temporali) si calcoli la distanza euclidea, la correlazione e la distanza DTW tra la serie di dati a segno di esempio.

S-Tempo	t_2	t_3	t_4	t_5
g_1	3	0	1	1
g_2	1	12	0	22
g_3	4	13	20	43
g_4	12	0	12	1

6.4. Date le sequenze $S_1 = (1, 0, 0, 0, 1, 2), S_2 = (0, 1, 2, 10), S_3 = (1, 2, 10, 0, 0, 1, 2)$ e la sequenza $Q = (0, 0, 1, 2)$, trovare la similarità per

- whole matching;
- subsequence matching.

6.5. Data una popolazione di individui si vuole stimare la relazione tra pressione arteriosa ed età. La seguente tabella riporta i dati relativi al campionamento:

Età	Pressione
25	120
30	125
42	135
55	140
55	145
69	180
70	160

Si ipotizza una relazione lineare tra le grandezze del tipo:

$$y = ax + b. \tag{6.57}$$

Si richiede di stimare i coefficienti della retta mediante il metodo dei minimi quadrati.

6.6. A partire dai dati riportati nella seguente tabella:

x_1	x_2	y
4,0	11,7	7,1
4,8	16,5	8,2
4,6	18,2	8,1
4,4	17,9	9,8
4,8	19,0	11,6
5,0	18,9	13,0

determinare i coefficenti di una curva di regressione del tipo:

$$y = ax_1 + bx_2 + c. \tag{6.58}$$

7

Analisi delle associazioni

Esplorazione ≫ *Modellazione* ≫ Valutazione

Tra le informazioni che le attuali tecnologie consentono di raccogliere, i dati di vendita rappresentano senz'altro una parte fondamentale sia per volume che per potenzialità di sfruttamento a fini di marketing. Basti pensare al flusso continuo di informazioni sulle abitudini di acquisto dei clienti che proviene dai registratori di cassa di un supermercato.

È infatti in quest'ambito che è sorta la *Market Basket Analysis*, una tecnica che si prefigge di utilizzare le informazioni su cosa, quando e quanto si compra per costruire dei modelli di comportamento di acquisto. Tali modelli possono poi essere utilizzati, ad esempio, per stabilire la disposizione degli scaffali, la composizione delle promozioni, l'emissione di buoni sconto.

La tecnica di data mining che si accompagna naturalmente con la market basket analysis è senz'altro la generazione automatica delle *regole di associazione*. Questa operazione si basa sulla ricerca di configurazioni ricorrenti all'interno dei dati relativi alle *transazioni* di vendita o *basket*. Per transazione di vendita si intende l'insieme dei prodotti, con le loro quantità, acquistati da un cliente in una data occasione (in pratica il contenuto del suo carrello della spesa), corredato dalle informazioni relative al tempo e al luogo dell'acquisto.

Una regola associativa dice che esiste una forte correlazione tra l'acquisto di due o più prodotti. Non dice nulla però riguardo alla natura di questa correlazione, che deve essere interpretata completamente dall'analista umano.

È diventato luogo comune ricordare l'esempio della birra e dei pannolini, probabilmente la più famosa delle associazioni mai "scoperte". Analizzando i dati di vendita per una catena di distribuzione del Midwest, si era notato che nel tardo pomeriggio del venerdì, chi comprava pannolini, comprava anche della birra. La spiegazione che si dà di solito è che le famiglie con bambini piccoli si stanno preparando per il weekend, pannolini per i pargoli e birra per il papà.

Dulli S., Furini S., Peron E.: Data mining. © Springer-Verlag Italia 2009, Milano

Le regole di associazione si possono applicare anche al di fuori della grande distribuzione, quando sia possibile individuare una transazione o "basket" che rappresenta la scelta di diversi elementi da parte di un "utente":

- nel settore delle telecomunicazioni, analizzando gli acquisti di servizi opzionali da parte degli utenti, si possono proporre nuovi pacchetti di servizi (ogni abbonato costituisce una transazione, con le spese per le varie tipologie di chiamata: urbane, interurbane, verso cellulari, linea ADSL);
- nel campo della medicina, le schede cliniche dei pazienti possono fornire indicazioni su possibili complicazioni derivanti da determinate combinazioni di trattamenti (ogni paziente costituisce una transazione, con patologie, farmaci assunti, medico curante);
- nell'analisi testuale, per studiare la co-occorrenza di parole in frasi idiomatiche, perifrasi o costruzioni grammaticali (le transazioni si possono stabilire a livello di periodo o di testo).

7.1 Formalizzazione del problema

Ai fini dell'estrazione delle regole di associazione, ciò che interessa è la composizione della transazione. Viene quindi esclusa l'informazione relativa alla quantità di ciascun elemento della transazione, come pure il suo prezzo. Ad ogni transazione viene associato un codice identificativo univoco, che di seguito verrà indicato con T_{id}. Un esempio di database di transazioni è dato dalla Tabella 7.1.

Tabella 7.1. Un database di transazioni in formato orizzontale o compatto

T_{id}	*Itemset*
001	{birra, pannolini}
002	{latte, farina}
003	{latte}
004	{latte, birra, pannolini}
005	{saponette, pannolini}

Nella Tabella 7.1 viene utilizzato il formato *orizzontale* o *compatto*, nel quale tutti gli attributi della transazioni sono elencati in una sola colonna. Tale rappresentazione è comoda nell'illustrazione degli algoritmi, anche se in pratica è più facile incontrare il formato *verticale* o *relazionale*, nel quale ogni item di una transazione occupa una riga diversa, con lo stesso codice identificativo della transazione. L'esempio precedente diventa così quello illustrato nella Tabella 7.2.

All'interno delle transazioni di vendita si possono individuare delle regolarità, espresse dalle regole di associazione. Ad esempio, relativamente alle transazioni riportate nella Tabella 7.1, si può affermare che "se un cliente compra dei pannolini, compra anche della birra nel 67 % dei casi (due su tre)." Le regole di associazione vengono espresse generalmente nella forma di implicazione; ad esempio la regola citata subito sopra può essere scritta in modo formale come: {pannolini} ⇒ {birra}.

Tabella 7.2. Il database di transazioni della Tabella 7.1 in formato verticale o relazionale

T_{id}	Item
001	birra
001	pannolini
002	latte
002	farina
003	latte
004	latte
004	birra
004	pannolini
005	saponette
005	pannolini

Passiamo ora alla definizione formale del problema dell'estrazione di regole di associazione da database di transazioni.

Definizione 7.1. *Sia* $\mathcal{I} = \{i_1, i_2, \ldots, i_n\}$ *un insieme di elementi chiamati* item *(o articoli). Un sottoinsieme di* $\mathcal{I}$ *è detto* itemset *(o insieme di articoli).*

Definizione 7.2. *Un itemset di* n *elementi è detto* n-itemset.

Esempio 7.3. L'insieme $\mathcal{I}$ per il database di transazioni elencate nella Tabella 7.1 risulta {birra, pannolini, latte, farina, saponette}.

Definizione 7.4. *Si definisce la transazione* T *come la coppia* $< T_{id}, I >$, *con* $T_{id} \in \mathbb{N}$ *codice identificativo della transazione e* I *un itemset,* $I \subseteq \mathcal{I}$.

Definizione 7.5. *Un database di transazioni* $\mathcal{D}$ *è un insieme di transazioni definite su un itemset* $\mathcal{I}$.

Definizione 7.6. *Dato l'itemset* X, *diciamo che la transazione* $T = < T_{id}, I >$ *contiene o verifica l'itemset* X *se* $X \subseteq I$.

Definizione 7.7. *Il* supporto *dell'itemset* X *nel database* $\mathcal{D}$ *è definito come il numero di transazioni di* $\mathcal{D}$ *che contengono* X:

$$\sigma_{\mathcal{D}}(X) = \|\{T \in \mathcal{D}, T = < T_{id}, I > \mid X \subseteq I\}\|. \tag{7.1}$$

Esempio 7.8. Il supporto dell'itemset $X = \{$birra$\}$ nel database $\mathcal{D}$ è pari a 2.

Definizione 7.9. *Un* itemset frequente *(detto anche* large itemset*) è un itemset con supporto maggiore di un valore stabilito* $supp_{min}$.

Esempio 7.10. Se definiamo $supp_{min} = 2$, il supporto dell'itemset $X = \{$pannolini$\}$ nel database $\mathcal{D}$ è pari a 3 e quindi X risulta essere un itemset frequente.

Definizione 7.11. *Una* regola di associazione (RdA) *è un'implicazione della forma* $X \Rightarrow Y$, *dove* X *e* Y *sono due itemset disgiunti:* $X \subseteq \mathcal{I}$, $Y \subseteq \mathcal{I}$ *e* $X \cap Y = \emptyset$. X *è detto l'antecedente della regola e* Y *il conseguente. Si dice che la regola di associazione* $X \Rightarrow Y$ *è verificata nella transazione* $T = < T_{id}, I >$ *se* $(X \cup Y) \subseteq I$.

Per una regola di associazione si definiscono i due parametri seguenti.

Definizione 7.12. *Si dice* supporto *della regola di associazione* $X \Rightarrow Y$, *la frequenza relativa delle transazioni di* $\mathcal{D}$ *che verificano la regola:*

$$\text{supporto}(X \Rightarrow Y) = \frac{\sigma_{\mathcal{D}}(X \cup Y)}{\|\mathcal{D}\|}. \tag{7.2}$$

Definizione 7.13. *Si dice* confidenza *della regola di associazione* $X \Rightarrow Y$, *la frequenza delle transazioni di* $\mathcal{D}$ *che verificano la regola rispetto a quelle che ne verificano l'antecedente:*

$$\text{confidenza}(X \Rightarrow Y) = \frac{\sigma_{\mathcal{D}}(X \cup Y)}{\sigma_{\mathcal{D}}(X)}. \tag{7.3}$$

Esempio 7.14. Nel database di transazioni della Tabella 7.1, la confidenza della regola {pannolini} $\Rightarrow$ {birra} è pari a $2/3$, il 67%. Detto in altri termini, nel 67% dei casi nei quali si presenta l'item "pannolini", si presenta anche l'item "birra."

Definizione 7.15. *Una regola di associazione* $X \Rightarrow Y$ *è detta* forte *se soddisfa un* supporto minimo $supp_{min}$ *ed una* confidenza minima $conf_{min}$, *ossia se:*

$$\begin{cases} \text{supporto}(X \Rightarrow Y) \geq supp_{min}, \\ \text{confidenza}(X \Rightarrow Y) \geq conf_{min}. \end{cases}$$

Esempio 7.16 (Calcolo del supporto e della confidenza). Si consideri l'itemset $\mathcal{I} = \{A, B, C, D, E, F\}$ con l'insieme delle transazioni riportare nella Tabella 7.3. Supponiamo di fissare le soglie per $supp_{min}$ e la $conf_{min}$ a $0{,}50$.

Tabella 7.3. Database di transazioni per l'esempio 7.16

T_{id}	*Itemset*
001	{A, B, C}
002	{A, C}
003	{A, D}
004	{B, E, F}

Si ha:

- supporto({A}) = 0,75 quindi {A} è un itemset frequente;
- supporto({A, B}) = 0,25 quindi {A, B} non è un itemset frequente;
- supporto({A} $\Rightarrow$ {C}) = supporto({A, C}) = 0,50;
- confidenza({A} $\Rightarrow$ {C}) = supporto({A, C}) / supporto({A}) = 0,66.

La regola {A} $\Rightarrow$ {C} è una regola forte perché soddisfa supporto e confidenza minimi. L'insieme degli itemset frequenti è riportato in Tabella 7.4.

Tabella 7.4. Itemset frequenti per il database di transazioni dell'esempio 7.16

Itemset	Supporto
{A}	0,75
{B}	0,50
{C}	0,50
{A,C}	0,50

Da questo esempio, si intuisce il meccanismo che sta alla base dei concetti di supporto e confidenza. Il supporto di una regola denota la frequenza della regola all'interno delle transazioni; un alto valore significa che la regola appare in una parte considerevole del database. La confidenza denota invece la percentuale delle transazioni contenenti X che contengono anche Y; è quindi una stima della probabilità condizionata in quanto esprime una misura della validità dell'implicazione logica.

Siamo ora in grado di definire formalmente il problema di estrazione delle regole di associazione (ARM, Association Rule Mining).

Definizione 7.17 (Estrazione delle regole di associazione). *Dato un database di transazioni $\mathcal{D}$, il problema dell'estrazione delle regole di associazione consiste nel generare tutte le regole forti relativamente a un supporto $supp_{min}$ e una confidenza $conf_{min}$, con $supp_{min}$ e $conf_{min}$ parametri di ingresso specificati dall'utente.*

7.2 Algoritmo Apriori

Un dataset formato a partire da n oggetti può contenere fino a $2^n - 1$ itemset frequenti (generalmente non si considera l'itemset vuoto tra gli itemset frequenti). Nelle applicazioni pratiche n è almeno nell'ordine di alcune decine e un metodo di generazione esaustivo degli itemset è impraticabile data la complessità esponenziale.

Può essere interessante prendere in esame la struttura dello spazio di ricerca per la generazione degli itemset. L'insieme di tutti gli itemset $2^{\mathcal{I}}$ forma una struttura a traliccio come illustrato nella Figura 7.1, nella quale due itemset X e Y sono collegati da una freccia se e solo se X è un sottoinsieme diretto di Y (vale a dire se $X \subseteq Y$ e $\|X\| = \|Y\| - 1$). Per quanto riguarda la strategia di ricerca che viene adottata in pratica, gli itemset del traliccio possono essere enumerati usando sia un metodo in profondità (depth-first) che un metodo in larghezza (breadth-first). Tali metodi operano sull'albero ottenuto considerando la relazione "essere un prefisso di" e indicato nella Figura 7.1 tramite le frecce in grassetto, nella quale due itemset X e Y sono collegati da una freccia in grassetto se e solo se X è un sottoinsieme diretto ed un prefisso di Y.

Lo scopo degli algoritmi proposti è quindi quello di visitare la minima parte possibile dell'albero di ricerca. Verrà illustrato l'algoritmo Apriori, sviluppato da

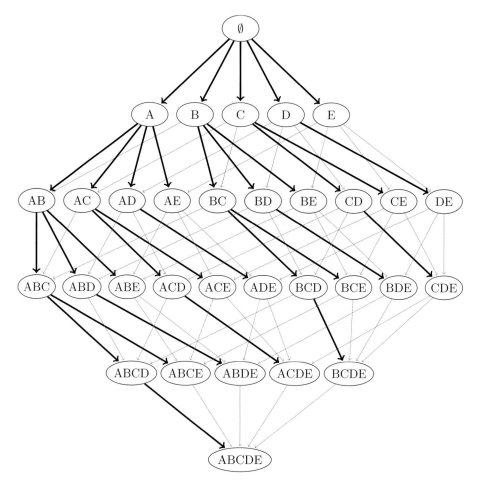

Figura 7.1. Traliccio degli itemset e, in grassetto, albero di ricerca

Rakesh Agrawal ed altri [6], il primo importante algoritmo che ha sfruttato la potatura basata sul supporto per rendere trattabile la crescita esponenziale degli itemset candidati, e che ha ispirato molti lavori successivi.

Il problema dell'estrazione delle regole di associazione viene affrontato dalla maggior parte degli algoritmi scomponendolo in due sottoproblemi:

1. ricerca di tutti gli itemset frequenti;
2. generazione delle regole di associazione a partire dagli itemset frequenti trovati nel passo precedente.

L'esposizione seguirà pertanto questa suddivisione.

7.2.1 Generazione degli itemset frequenti

Rispetto ad un approccio basato sulla forza bruta, l'algoritmo Apriori opera una potatura dell'albero di ricerca basata sulla considerazioni seguenti.

Teorema 7.18 (Principio Apriori). *Ogni sottoinsieme di un itemset frequente, è un itemset frequente.*

Per convincersi basta pensare che un itemset "piccolo" ricorre in tutte le transazioni in cui è presente un itemset più "grande," più eventualmente altre transazioni. Ad esempio se $\{A, B, C\}$ è un itemset frequente, una transazione che contenga $\{A, B, C\}$ deve chiaramente contenere anche i suoi sottoinsiemi $\{A, B\}$, $\{A, C\}$, $\{B, C\}$, $\{A\}$, $\{B\}$ e $\{C\}$. Ciascun sottoinsieme ricorre nel database di transazioni almeno quanto l'itemset $\{A, B, C\}$ e di conseguenza è esso stesso un itemset frequente.

Viceversa, se un itemset come $\{A, B\}$ non è frequente, allora nessuno dei suoi sovrainsiemi è frequente. Come illustrato nella Figura 7.2, l'intero sottografo contente i sovrainsiemi di $\{A, B\}$ può essere potato una volta stabilito che $\{A, B\}$ non è frequente. Questa strategia di riduzione dello spazio di ricerca è nota come potatura basata sul supporto e dipende dal fatto che il supporto di un itemset non supera mai il supporto dei suoi sottoinsiemi. Questa proprietà è nota anche come antimonotonicità della misura supporto.

Algoritmo 7.1: Generazione degli itemset frequenti nell'algoritmo Apriori

---

input : $\mathcal{D}$, $supp_{min}$
output: itemset frequenti di $\mathcal{D}$

1 $F_1 = \{$1-itemset frequenti$\}$
2 $k = 2$
3 **while** $F_{k-1} \neq \emptyset$ **do**
4      $C_k = $ apriori-gen(F_{k-1})
5   **foreach** *transazione* $T = <T_{id}, I > \in \mathcal{D}$ **do**
6          $C_T = Subset(C_k, I)$
7   **foreach** *candidato* $c \in C_T$ **do**
8              $c.count = c.count + 1$
9   **end**
10   **end**
11     $F_k = \{c \in C_k \mid c.count \geq supp_{min}\}$
12     $k = k + 1$
13 **end**
14 **return** $\cup F_k$

Lo pseudocodice per la generazione degli itemset frequenti dell'algoritmo Apriori è mostrato nell'algoritmo 7.1. C_k denota l'insieme dei k-itemset candidati e F_k denota l'insieme dei k-itemset frequenti.

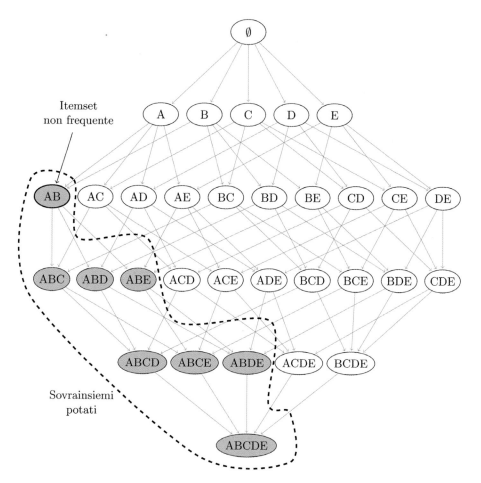

Figura 7.2. Applicazione del principio Apriori all'itemset {A, B}. Se {A, B} non è frequente, non lo sono neppure i suoi sovrainsiemi

1. L'algoritmo effettua un passaggio nel database delle transazioni per determinare il supporto di ciascun item. Al termine di questo passo è noto F_1, l'insieme degli 1-itemset frequenti.
2. Successivamente, l'algoritmo genera iterativamente i nuovi k-itemset candidati utilizzando i $(k-1)$-itemset frequenti trovati durante l'iterazione precedente.
3. Per conteggiare il supporto dei candidati, l'algoritmo deve effettuare un passaggio addizionale nel database delle transazioni. La funzione Subset viene utilizzata per determinare tutti gli itemset candidati di C_k che appartengono alla transazione corrente t.
4. Dopo aver determinato il loro supporto, l'algoritmo elimina tutti i candidati con supporto inferiore alla soglia $supp_{min}$.
5. L'algoritmo termina quando non rimangono più itemset generati, cioè quando $F_k = \emptyset$.

L'algoritmo Apriori affronta la fase di generazione degli itemset frequenti per approssimazioni successive, a partire dagli 1-itemset con un approccio bottom-up: attraversa il traliccio degli itemset per livelli partendo dagli 1-itemset frequenti fino alla massima cardinalità di un itemset frequente. In secondo luogo utilizza una strategia del tipo genera-e-controlla per trovare gli itemset frequenti. Ad ogni iterazione vengono generati gli itemset candidati dagli itemset frequenti dell'iterazione precedente. Viene controllato se il supporto di ciascun candidato supera la soglia $supp_{min}$. Il numero di iterazioni è pari $k_{max} + 1$, con k_{max} pari alla massima cardinalità di un itemset frequente.

Generazione degli itemset candidati nell'algoritmo Apriori

La procedura di generazione dei candidati nell'algoritmo Apriori `apriori-gen` (algoritmo 7.1, riga 4) prende in ingresso F_{k-1} l'insieme dei $(k-1)$-itemset frequenti e ritorna un sovrainsieme di tutti i k-itemset frequenti. La finalità della procedura è quella di restituire il minor numero di candidati, in modo da dover effettuare il calcolo del supporto su meno candidati possibile. Gli elementi dei vari itemset si considerano ordinati per poter fare dei confronti tra itemset elemento per elemento.

Nel primo passo la procedura effettua la fusione tra due $k - 1$-itemset frequenti solo quando i primi $k - 2$ elementi sono identici. Se $A = \{a_1, a_2, \ldots, a_{k-1}\}$ e $B = \{b_1, b_2, \ldots, b_{k-1}\}$ sono due $(k - 1)$-itemset frequenti, saranno fusi dall'algoritmo Apriori solo se verificano la relazione seguente:

$$\begin{cases} a_i = b_i & \text{per } i = 1, 2, \ldots, k - 2 \\ a_{k-1} < b_{k-1}. \end{cases} \tag{7.4}$$

Nel secondo passo la procedura effettua l'eliminazione di tutti gli itemset che abbiano qualche sottoinsieme di $k - 1$ elementi non presente in F_{k-1}.

Esempio 7.19. Sia dato $F_3 = \{\{A, B, C\}, \{A, B, D\}, \{A, C, D\}, \{A, C, E\}, \{B, C, D\}\}$. Dopo il passo di fusione, C_4 sarà costituito da $\{\{A, B, C, D\}, \{A, C, D, E\}\}$. Il passo di fusione cancellerà l'itemset $\{A, C, D, E\}$ perché l'itemset $\{A, D, E\}$ non è presente in F_3. Alla fine C_4 sarà composto solo da $\{A, B, C, D\}$. L'algoritmo ha quindi concluso *a priori*, senza effettuare conteggi sul database delle transazioni, che le altre combinazioni non potranno avere supporto minimo.

Esempio 7.20 (Generazione degli itemset frequenti). Date le transazioni della Tabella 7.5 e il supporto minimo $supp_{min} = 0,2$, si vogliono determinare gli itemset frequenti.

1. Il primo passo determina gli 1-itemset frequenti tramite una passaggio sul database delle transazioni. Tutti gli 1-itemset risultano frequenti. Si ha quindi $F_1 = \{\{A\}, \{B\}, \{C\}, \{D\}, \{E\}\}$.
2. Il secondo passo determina i 2-itemset frequenti. Applicando la funzione `apriori-gen` ad F_1, nel passo di fusione vengono generati i candidati $\{A, B\}$, $\{A, C\}$, $\{A, D\}$, $\{A, E\}$, $\{B, C\}$, $\{B, D\}$, $\{B, E\}$, $\{C, D\}$, $\{C, E\}$, $\{D, E\}$. (La condizione sull'ordinamento lessicografico degli item evita di generare un

Tabella 7.5. Database di transazioni per l'esempio 7.20

T_{id}	Itemset
001	{A, C}
002	{A, B, D}
003	{B, C}
004	{B, D}
005	{A, B, C}
006	{B, C}
007	{A, C}
008	{A, B, E}
009	{A, B, C, E}
010	{A, E}

itemset più di una volta.) Il passo di eliminazione della `apriori-gen` non può scartare nessun 2-itemset candidato, essendo a questo livello $k = 2$ un 2-itemset composto da due 1-itemset, entrambi necessariamente frequenti. Un conteggio del supporto per gli itemset candidati fornisce i risultati riportati sotto il passo $k = 2$ nella Tabella 7.6. Risulta $F_2 = \{\{A, B\}, \{A, C\}, \{A, E\}, \{B, C\}, \{B, D\}, \{B, E\}\}$.

3. Il terzo passo determina i 3-itemset frequenti. Applicando la funzione `apriori-gen` ad F_2, nel passo di fusione vengono generati i candidati $\{A, B, C\}$, $\{A, B, E\}$, $\{A, C, E\}$, $\{B, C, D\}$, $\{B, C, E\}$, $\{B, D, E\}$. (La condizione sull'ordinamento lessicografico degli item evita di generare un itemset più di una volta.) Il passo di eliminazione della `apriori-gen` consente di scartare i 3-itemset seguenti: $\{A, C, E\}$ perché $\{C, E\} \notin F_2$, $\{B, C, D\}$ perché $\{C, D\} \notin F_2$, $\{B, C, E\}$ perché $\{C, E\} \notin F_2$, $\{B, D, E\}$ perché $\{D, E\} \notin F_2$. Un conteggio del supporto per gli itemset candidati fornisce i risultati riportati sotto il passo $k = 3$ nella Tabella 7.6. Risulta $F_3 = \{\{A, B, C\}, \{A, B, E\}\}$.

4. Nel quarto passo la funzione `apriori-gen` genera nel passo di fusione il 4-itemset candidato $\{A, B, C, E\}$, mentre lo scarta nel passo di eliminazione in quanto, ad esempio, $\{B, C, E\} \notin F_3$. L'insieme dei candidati per il passo $k = 4$ risulta vuoto, di conseguenza risulta pure $F_4 = \emptyset$ e l'algoritmo termina.

7.2.2 Generazione delle regole

Questa sezione descrive come estrarre le regole di associazione in modo efficiente da un itemset frequente dato. Ciascun k-itemset frequente Y, può produrre fino a $2^k - 2$ regole di associazione, ignorando le regole che hanno antecedenti o conseguenti vuoti ($\emptyset \Rightarrow Y$ oppure $Y \Rightarrow \emptyset$). Un regola di associazione può essere estratta partizionando l'itemset Y in due sottoinsiemi non vuoti, X e $Y - X$, tali che $X \Rightarrow Y - X$ soddisfa la confidenza di soglia. Si noti che per queste regole risulta già soddisfatto il supporto di soglia essendo state generate da un itemset frequente.

Tabella 7.6. Itemset generati dal database di transazioni dell'esempio 7.20

Passo	Itemset	Supporto	Itemset frequente
$k = 1$	{A}	$7/10 = 0,70$	✓
	{B}	$7/10 = 0,70$	✓
	{C}	$6/10 = 0,60$	✓
	{D}	$2/10 = 0,20$	✓
	{E}	$3/10 = 0,30$	✓
$k = 2$	{A, B}	$4/10 = 0,40$	✓
	{A, C}	$4/10 = 0,40$	✓
	{A, D}	$1/10 = 0,10$	
	{A, E}	$3/10 = 0,30$	✓
	{B, C}	$3/10 = 0,30$	✓
	{B, D}	$3/10 = 0,30$	✓
	{B, E}	$2/10 = 0,20$	✓
	{C, D}	$0/10 = 0,00$	
	{C, E}	$1/10 = 0,10$	
	{D, E}	$0/10 = 0,00$	
$k = 3$	{A, B, C}	$2/10 = 0,20$	✓
	{A, B, E}	$2/10 = 0,20$	✓

Si ha infatti

$$\text{supporto}(X \cup (Y - X)) = \text{supporto}(Y) \geq supp_{min}. \tag{7.5}$$

Esempio 7.21. Sia X={A, B, C} un itemset frequente. Da X si possono generare le regole seguenti: {A, B} $\Rightarrow$ {C}, {A, C} $\Rightarrow$ {B}, {B, C} $\Rightarrow$ {A}, {A} $\Rightarrow$ {B, C}, {B} $\Rightarrow$ {A, C}, {C} $\Rightarrow$ {A, B}.

Si deve verificare che per le regole così estratte sia soddisfatta la confidenza di soglia. La confidenza si può esprimere come

$$\begin{aligned} \text{confidenza}(X \Rightarrow (Y - X)) &= \frac{\text{supporto}(X \cup (Y - X))}{\text{supporto}(X)} \\ &= \frac{\text{supporto}(Y)}{\text{supporto}(X)}. \end{aligned} \tag{7.6}$$

Il calcolo della confidenza di una regola di associazione non richiede passaggi addizionali sull'insieme delle transazioni. Dato che Y è un itemset frequente, la proprietà di antimonotonicità del supporto assicura che anche il suo sottoinsieme $X \subset Y$ è un itemset frequente. I valori del supporto per X e Y sono quindi già disponibili in questa fase di elaborazione dell'algoritmo Apriori e da questi si ricava immediatamente la confidenza.

Eliminazione delle regole basata sulla confidenza

Diversamente dal supporto, la confidenza non gode di nessuna proprietà monotona. La confidenza di $X \Rightarrow Y$, per esempio, può essere minore maggiore o uguale alla confidenza di un'altra regola $X' \Rightarrow Y'$, dove $X \subseteq X'$ e $Y \subseteq Y'$. Ciononostante, se confrontiamo le regole generate dallo stesso itemset frequente Y, vale il teorema seguente per la confidenza.

Teorema 7.22. *Se una regola $X \Rightarrow Y$ non soddisfa la confidenza di soglia, allora ogni regola $X' \Rightarrow Y - X'$, dove X' è un sottoinsieme di X, non soddisfa neppure la confidenza di soglia.*

Generazione delle regole nell'algoritmo Apriori

L'algoritmo Apriori usa un approccio per livelli per generare le regole di associazione, in cui ogni livello k corrisponde al numero di item che appartengono al conseguente. Vengono estratte inizialmente tutte le regole con alta confidenza che hanno il conseguente composto di un solo elemento. Queste regole vengono poi usate per generare nuove regole candidate. Ad esempio, se {A, C, D} $\Rightarrow$ {B} e {A, B, D} $\Rightarrow$ {C} sono regole con alta confidenza, la regola candidata {A, D} $\Rightarrow$ {B, C} è generata dalla fusione dei conseguenti di entrambe le regole.

Ci si trova dunque nella stessa situazione della generazione dei candidati degli itemset frequenti. Alla generazione di un candidato k-itemset frequente corrisponde ora la generazione del conseguente di dimensione k di una candidata regola forte. Ma dato che l'itemset che genera la regola è fisso, per ciascun conseguente corrisponde una determinata regola su cui controllare il superamento della soglia della confidenza. La situazione è illustrata nella Figura 7.3.

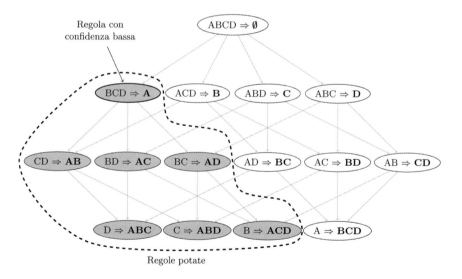

Figura 7.3. Traliccio delle regole di associazione generate dal 4-itemset {A, B, C, D}. I conseguenti sono evidenziati in grassetto per indicare il parallelismo con il traliccio degli itemset

Viene dato lo pseudocodice per la generazione delle regole di associazione nell'algoritmo 7.2 e nella procedura 7.3.

Algoritmo 7.2: Generazione delle regole nell'algoritmo Apriori

---

1 **foreach** k-*itemset frequente* f_k, $k \geq 2$ **do**
      /* Conseguenti di dimensione 1 della regola da generare   */
2     $H_1 = \{\{i\} \mid i \in f_k\}$
3   **call** ap-genrules(f_k, H_1)
4 **end**

Algoritmo 7.3: Procedura ap-genrules(f_k, H_m)

    /* Dimensione dell'itemset frequente   */
1 $k = \|f_k\|$
    /* Dimensione del conseguente della regola   */
2 $m = \|h\|$, con $h \in H_m$
3 **if** $k > m$ **then**
4   **foreach** $h \in H_m$ **do**
5         $conf = \text{supporto}(f_k)/\text{supporto}(f_k - h)$
6   **if** $conf \geq conf_{min}$ **then**
7   **output** regola "$(f_k - h) \Rightarrow h$"
8   **else**
9             $H_m = H_m - \{h\}$
10   **end**
11   **end**
12     $H_{m+1} = \text{apriori-gen}(H_m)$
13   **call** ap-genrules(f_k, H_{m+1})
14 **end**

Esempio 7.23 (Determinazione delle regole forti). Dato il database di transazioni della Tabella 7.7, il supporto minimo $supp_{min} = 33{,}33\%$ e la confidenza minima $conf_{min} = 60\%$, si vogliono determinare gli itemset frequenti e da questi ricavare le regole di associazione forti risultanti.

Tabella 7.7. Database di transazioni per l'esempio 7.23

T_{id}	Itemset
001	{Focaccia, Hot dog, Ketchup}
002	{Focaccia, Hot dog}
003	{Coke, Hot dog, Patatine}
004	{Coke, Patatine}
005	{Ketchup, Patatine}
006	{Coke, Hot dog, Patatine}

La soglia di supporto 33,33 % equivale a 2 transazioni sulle 6 del database considerato. Questo comporta l'eliminazione di tutti gli itemset con una frequenza assoluta inferiore a 2. Gli itemset frequenti ed il relativo supporto sono riportati di seguito.

{Coke} (3),	{Focaccia} (2),	{Hot dog} (4),
{Ketchup} (2),	{Patatine} (4),	{Coke, Hot dog} (2),
{Coke, Patatine} (3),	{Focaccia, Hot dog} (2),	{Hot dog, Patatine} (2),
{Coke, Hot dog, Patatine} (2).		

Gli itemset da prendere in considerazione per la generazione delle regole di associazione sono quelli con cardinalità maggiore od uguale a 2. Applichiamo quindi l'algoritmo 7.2 al primo 2-itemset {Coke, Hot dog}.

1. L'ingresso della procedura 7.3 è il 2-itemset f_2 ={Coke, Hot dog} e l'insieme dei possibili conseguenti di dimensione unitaria H_1 ={{Coke}, {Hot dog}}.
2. Calcoliamo la confidenza della regola ottenuta prendendo come conseguente {Coke} (riga 5):

$$\text{confidenza}(\{\text{Hot dog}\} \Rightarrow \{\text{Coke}\}) = \frac{\text{supporto}(\{\text{Coke, Hot dog}\})}{\text{supporto}(\{\text{Hot dog}\})}$$

$$= \frac{2}{4} = 0{,}50.$$

Si noti come nel calcolo della confidenza si utilizzino i supporti degli itemset frequenti che erano già stati determinati nella fase precedente dell'algoritmo Apriori, quella di estrazione degli itemset frequenti stessi.

3. La confidenza della regola generata non supera la confidenza di soglia, quindi togliamo il conseguente da H_1, che diventa H_1 ={{Hot dog}} (riga 9).
4. Calcoliamo la confidenza della regola ottenuta prendendo come conseguente {Hot dog} (riga 5):

$$\text{confidenza}(\{\text{Coke}\} \Rightarrow \{\text{Hot dog}\}) = \frac{\text{supporto}(\{\text{Coke, Hot dog}\})}{\text{supporto}(\{\text{Coke}\})}$$

$$= \frac{2}{3} = 0{,}67.$$

5. La confidenza della regola generata supera la confidenza di soglia, quindi la regola {Coke} ⇒ {Hot dog} è una regola forte (riga 7).
6. Avendo terminato il ciclo della riga 4 sui possibili conseguenti, applichiamo la funzione `apriori-gen` all'insieme $H_1 = \{\{\text{Hot dog}\}\}$ (riga 13). Essendo un insieme composto da un solo elemento, la funzione ritorna un insime vuoto $H_2 = \emptyset$.
7. Il test di riga 3 ritorna falso e la procedura `ap-genrules` termina.

Applicando la funzione `ap-genrules` agli altri itemset si ottiene il risultato mostrato nella Tabella 7.8.

Tabella 7.8. Regole derivate dagli itemset frequenti dell'esempio 7.23

Itemset frequente	Regole derivate	Confidenza	Regola forte
{Focaccia, Hot dog}	{Hot dog} ⇒ {Focaccia}	$2/4 = 0{,}50$	
	{Focaccia} ⇒ {Hot dog}	$2/2 = 1{,}00$	✓
{Coke, Hot dog}	{Hot dog} ⇒ {Coke}	$2/4 = 0{,}50$	
	{Coke} ⇒ {Hot dog}	$2/3 = 0{,}67$	✓
{Hot dog, Patatine}	{Patatine} ⇒ {Hot dog}	$2/4 = 0{,}50$	
	{Hot dog} ⇒ {Patatine}	$2/4 = 0{,}50$	
{Coke, Patatine}	{Patatine} ⇒ {Coke}	$3/4 = 0{,}75$	✓
	{Coke} ⇒ {Patatine}	$3/3 = 1{,}00$	✓
{Coke, Hot dog, Patatine}	{Hot dog, Patatine} ⇒ {Coke}	$2/2 = 1{,}00$	✓
	{Coke, Patatine} ⇒ {Hot dog}	$2/3 = 0{,}67$	✓
	{Coke, Hot dog} ⇒ {Patatine}	$2/2 = 1{,}00$	✓
	{Patatine} ⇒ {Coke, Hot dog}	$2/4 = 0{,}50$	
	{Hot dog} ⇒ {Coke, Patatine}	$2/4 = 0{,}50$	
	{Coke} ⇒ {Hot dog, Patatine}	$2/3 = 0{,}67$	✓

7.3 Esercizi di riepilogo

7.1. Di che cosa consta una regola associativa? In quale algoritmo si usa?

7.2. Come si misurano il supporto e la confidenza?

7.3. La cassa di un supermercato ha registrato le seguenti transazioni riportate nella Tabella 7.9.

1. Usare l'algoritmo Apriori per generare gli itemset frequenti con il minimo supporto di I6.
2. Elencare tutte le associazioni che possono essere generate dagli itemset frequenti e calcolare la loro confidenza. Quali di questi ruoli sono interessanti?

7.4. Data la Tabella delle transazioni 7.10, trovare il supporto e la confidenza per la regola {B, D} ⇒ {E}.

7.5. Calcolare il supporto e la confidenza per le regole di associazione {P1} ⇒ {P4}, {P3} ⇒ {P1}, {P1} ⇒ {P3}, {P2, P3} ⇒ {P4}, se si hanno in 5 carrelli della spesa i seguenti prodotti:

1. carrello 1: {P1, P2, P3};
2. carrello 2: {P1, P3, P4};
3. carrello 3: {P2, P3, P4};
4. carrello 4: {P1, P4, P5};
5. carrello 5: {P2, P3, P5}.

Tabella 7.9. Transazioni per l'esercizio 7.3

tid	I1	I2	I3	I4	I5	I6	v tid	I1	I2	I3	I4	I5	I6
1	1	0	0	0	0	0	11	0	0	0	1	0	0
2	0	1	1	1	0	0	12	1	1	1	1	1	0
3	0	0	0	1	1	0	13	0	1	0	1	1	1
4	0	1	0	1	1	0	14	0	1	1	1	0	0
5	0	0	0	0	1	1	15	0	0	0	1	1	0
6	0	1	0	1	0	0	16	0	0	1	1	0	0
7	0	0	1	0	1	0	17	1	0	1	0	1	0
8	0	1	0	1	1	1	18	0	1	0	1	1	1
9	0	0	0	0	1	0	19	0	0	0	0	1	0
10	0	1	0	1	1	0	20	0	1	0	1	1	1

Tabella 7.10. Database di transazioni per l'esercizio 7.4

T_{id}	Itemset
001	$\{A, B, E\}$
002	$\{A, C, D, E\}$
003	$\{B, C, D, E\}$
004	$\{A, B, D, E\}$
005	$\{B, D, E\}$
006	$\{A, B, C\}$
007	$\{A, B, D\}$

7.6. Si consideri il database di transazioni della Tabella 7.11. Siano $supp_{min} = 60\%$ e $conf_{min} = 80\%$. Trovare tutti gli itemset frequenti usando l'algoritmo Apriori.

Tabella 7.11. Database di transazioni per l'esercizio 7.6

T_{id}	Data	Articoli
100	15/10/2008	{A, B, D, K}
200	15/10/2008	{A, B, C, D, E}
300	19/10/2008	{A, B, C, E}
400	22/10/2008	{A, B, D}

7.7. Data la Tabella 7.12 riguardante alcuni dati di pagine web di un sito, identificare quale associazione di pagine ha una confidenza maggiore del 70%.

Tabella 7.12. Database di transazioni per l'esercizio 7.7

Giorno	Ora	Pagine
01/06/2008	11:23:45	{Home, News, Faq}
02/06/2008	12:02:21	{Forum, News, Faq}
03/06/2008	10:51:22	{Faq, Forum}
03/06/2008	22:34:12	{Download}
04/06/2008	23:29:52	{Faq, Download}
04/06/2008	09:14:30	{Home, Download}

8

Analisi dei link

Esplorazione ⟫ *Modellazione* ⟫ Valutazione ⟩

In questo capitolo vedremo come analizzare i link di una rete web. Prenderemo in considerazione l'analisi della struttura a link come possono essere le connessioni a vari tipi di reti, quali ad esempio le reti sociali (come Facebook), il World Wide Web, le reti biologiche e citazioni. I grafi che prendiamo in considerazione in questo capitolo sono grafi orientati e connessi. Con il data mining, analizzando la storia delle navigazioni, si cerca di suggerire in modo dinaminco al navigatore i link che possono interessargli.

8.1 Prestigio

Per prima cosa, dobbiamo dare la nozione di prestigio di un nodo in una rete web o in un grafo. Il prestigio misura l'importanza o il rango di un nodo. Intuitivamente più un nodo ha link che lo puntano, più alto è il suo prestigio. Sia $G = (V, E)$ un grafo orientato, con i vertici V e le connessioni come E. Sia $|V| = n$. Siamo in grado di rappresentare le connessioni come una matrice $n \times n$ asimmetrica chiamata E matrice delle adiacenze come

$$E(u, v) = \begin{cases} 1 & \text{se } (u, v) \in E, \\ 0 & \text{se } (u, v) \notin E. \end{cases} \tag{8.1}$$

Sia $p(u)$ un numero reale positivo, che indica il punteggio del prestigio per il nodo u. Dato che il prestigio di un nodo dipende dal prestigio di altri nodi che puntano ad esso, possiamo ottenere il prestigio di un determinato nodo v come segue:

$$p'(v) = \sum E(u, v) p(u) \tag{8.2}$$

$$= \sum E^T(v, u).p(u). \tag{8.3}$$

Dulli S., Furini S., Peron E.: Data mining. © Springer-Verlag Italia 2009, Milano

Esempio 8.1. Ad esempio nel grafo della Figura 8.1 il prestigio di u_5 dipende dal prestigio della u_2 e u_4.

In tutti i nodi, siamo in grado di esprimere la valutazione del prestigio come:

$$p' = E^T p. \tag{8.4}$$

A partire da un vettore inziale che contiene il prestigio possiamo usare 8.7 per ottenere una versione aggiornata del prestigio finale in modo iterativo. In altre parole, se p_{k-1} è il vettore di prestigio in tutti i nodi ad una iterazione $k-1$, quindi l'aggiornamento del vettore prestigio all'iterazione k è:

$$p_k = E^T p_{k-1} \tag{8.5}$$

$$= E^T (E^T . p_{k-2}) = (E^T)^2 p_{k-2} \tag{8.6}$$

$$= (E^T)^k p_0 \tag{8.7}$$

dove p_0 è il primo vettore di prestigio, che può essere inizializzato al vettore colonna $n \times 1$ $(1,1\ldots 1)^T$. Il valore di p_k converge con gli autovettori di E^T all'aumentare k. Inoltre, siamo in grado di calcolare gli autovettori utilizzando la potenza di iterazione, che consiste essenzialmente nel partire da p_0, e successivamente moltiplicando a sinistra di p_0 con E^T, e normalizzare i vettori p_i per evitare overflow numerico.

Esempio 8.2. Sia data la matrice delle adiacenze

$$E = \begin{pmatrix} 1 & 2 \\ 2 & 1 \end{pmatrix}$$

calcoliamo, $E^T = E$ in questo caso, p_k con k=2 conoscendo $p_0 = (1,2)^T$. Considerando $p_k = E^T p_{k-1}$ allora $(E^T)^2 p_{k-2}$ quindi

$$p_2 = \begin{pmatrix} 5 & 4 \\ 4 & 5 \end{pmatrix} \begin{pmatrix} 1 \\ 2 \end{pmatrix}.$$

8.2 Matrice dominante degli autovettori

Dato x una matrice di $n \times n$ di autovettori di A, con i corrispondenti autovalori λ:

$$Ax = \lambda x. \tag{8.8}$$

Consideriamo il quadrato di A

$$A^2 x = A(Ax) = A\lambda x = \lambda(Ax) = \lambda(\lambda x) = \lambda^2 x. \tag{8.9}$$

Questo significa che x continua ad essere l'autovettore di A^2, ma l'autovalore è λ^2. In generale, abbiamo:

$$A^k x = \lambda^k x. \tag{8.10}$$

Questo significa che x continua ad essere un autovettore di A^k, con il corrispondente autovalore λ^k. Assumiamo che la matrice A $n \times n$ abbia n autovettori independenti e assumiamo che abbia un autovettore dominante :

$$|\lambda_1| \geq |\lambda_2| \geq \dots \geq |\lambda_n|, \tag{8.11}$$

allora esiste un non vuoto vettore x_0, tale che la sequenza dei vettori x_k, data da $x_k = A x_{k-1}$, approssima autovettori di A. Dato $q_1, q_2, \dots, q_n$ gli autovettori corrispondenti agli autovalori di A. Se sono linearmente indipendenti, formano una base di vettori n-dimensionali R_n. Dato x_0 può essere riscritto come una combinazione lineare di questi autovettori:

$$x_0 = c_1 q_1 + c_2 q_2 + \dots + c_n q_n. \tag{8.12}$$

Moltiplicando per A, abbiamo:

$$A x_0 = c_1 A q_1 + c_2 A q_2 + \dots + c_n A q_n. \tag{8.13}$$

Se moltiplichiamo per A_k, otteniamo:

$$A x_0 = c_1 \lambda_1^k q_1 + c_2 \lambda_2^k q_2 + \dots + c_n \lambda_n^k q_n \tag{8.14}$$

$$A x_0 = \lambda_1^k (c_1 q_1 + c_2 (\frac{\lambda_2}{\lambda_1})^k q_2 + \dots + c_2 (\frac{\lambda_n}{\lambda_1})^k q_n). \tag{8.15}$$

A partire da $|\lambda_1| > |\lambda_i|$ per tutti gli $i > 1$, k diventa la $\frac{\lambda_i}{\lambda_1}$ tende a zero. Mentre $k \to \infty$ abbiamo:

$$x_k = A^k x_0 = c_1 \lambda_1^k q_1. \tag{8.16}$$

In altre parole per $k \to \infty$, x_k converge a q_1, il vettore dominante di A. Concludiamo dicendo che sotto alcune assunzioni di E^T, il vettore p_k converge all'autovettore dominante di E^T, quando k diventa molto grande. Notiamo inoltre che partendo dal vettore $p_0 = (1, 1, 1, 1)^T$ quando k diventa grande

$$p_k = E^T p_{k-1} \approx \lambda_1 p_{k-1}. \tag{8.17}$$

Esempio 8.3. Sia data la matrice delle adiacenze

$$E = \begin{pmatrix} 1 & 2 \\ 2 & 1 \end{pmatrix}$$

calcoliamo un autovettore dominante E^T quando k tende all'infinito.

$$E^T = \begin{pmatrix} 1 & 2 \\ 2 & 1 \end{pmatrix}.$$

Impostiamo l'equazione caratteristica della matrice A:

$$det(E - \lambda I) = 0, \tag{8.18}$$

cioè

$$det = \begin{pmatrix} 1 - \lambda & 2 \\ 2 & 1 - \lambda \end{pmatrix},$$

ossia $(1 - \lambda)^2 - 4 = \lambda^2 - 2\lambda - 3 = 0$. Le soluzioni sono $\lambda_1 = -1$ e $\lambda_2 = 3$. Dunque $-1,3$ sono gli autovalori di E^T e anche di E. Consideriamo l'autovalore λ_1:

$$(A - (-1)I_2)X = 0,$$

cioè

$$\begin{cases} 2x_1 + 2x_2 = 0 \\ 2x_1 + 2x_2 = 0, \end{cases}$$

che equivale a dire $x_1 = -x_2$. L'autospazio relativo all'autovalore $\lambda_1 = -1$ è

$$\{(-x_2, x_2) \mid x_2 \in R - \{0\}\} \cup \{0\} \tag{8.19}$$

una base dell'autospazio è $-1,1$. Mentre per $\lambda_2 = 3$ l'autospazio risulta essere:

$$\{(x_1, x_1) \mid x_1 \in R - \{0\}\} \cup \{0\}, \tag{8.20}$$

una base dell'autospazio è $(1,1)$ Il vettore x_0 può essere riscritto come:

$$x_0 = c1 \begin{pmatrix} -x_2 \\ x_2 \end{pmatrix} + c2 \begin{pmatrix} x_1 \\ x_1 \end{pmatrix}.$$

Per $k \to \infty$

$$p_k = E^T p_{k-1} \approx (-1)p_{k-1}$$

per il passo 1 conocendo p_0

$$p_1 \approx (-1)p_0,$$

per il passo 2 conocendo p_1

$$p_2 \approx (-1)p_1,$$

supponendo di conoscere il prestigio $p_{99} = (1,1)^T$ si chiede di calcolare p_{100}

$$p_{100} \approx (-1)p_{99}.$$

8.3 Pagerank

Il pagerank è un metodo di calcolo per calcolare il prestigio dei nodi nel contesto della ricerca sul Web. Il grafo nel web si compone di pagine (i nodi) connesse mediante collegamenti ipertestuali (i bordi o connessioni). Diamo per scontato, per il momento, che il grafo su web è collegato, vale a dire, che vi sia un percorso che collega qualsiasi nodo u verso ogni nodo v nel grafo. Il pagerank di un sito web è definito come la probabilità navigando di capitare in quella pagina. Come il prestigio, il pagerank di un nodo v, ricorsivamente dipende dal pagerank di altri nodi che puntano ad esso. La principale differenza è che nel modello di navigazione casuale, da qualsiasi pagina u, l'utente può scegliere a caso tra i suoi link in uscita e seguire uno di questi. Sia $o(u) = \sum_v E(u,v)$ il grado del nodo u, quindi se vi è un link da u verso v, la probabilità di visita da v a u è $\frac{1}{o(u)}$. Partendo dalla prima probabilità o pagerank $p_0(u_i)$ per ciascun nodo, in modo tale che:

$$\sum_u p_o(u) = 1 \qquad (8.21)$$

possiamo calcolare il vettore di pagerank come qui proposto:

$$p'(v) = \sum_u \frac{E(u,v)}{o(u)} p(u) \qquad (8.22)$$

$$= \sum_u N(u,v) p(u) \qquad (8.23)$$

$$= \sum_u N^T(v,u) p(u) \qquad (8.24)$$

dove N è la matrice delle adiacenze data dalla seguente formula:

$$E(u,v) = \begin{cases} \frac{1}{o(u)} & \text{se } (u,v) \in E \\ 0 & \text{se } (u,v) \notin E. \end{cases} \qquad (8.25)$$

Esempio 8.4. Nel grafo della Figura 8.1 la matrice N risulta essere:

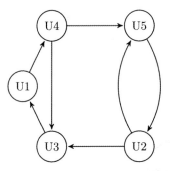

Figura 8.1. Esempio di grafo

$$N = \begin{pmatrix} 0 & 0 & 0 & 1 & 0 \\ 0 & 0 & 0{,}5 & 0 & 0{,}5 \\ 1 & 0 & 0 & 0 & 0 \\ 0 & 0 & 0{,}5 & 0 & 0{,}5 \\ 0 & 1 & 0 & 0 & 0 \end{pmatrix}.$$

Questo perché solo da u_2 e u_4 escono due connessioni verso altri nodi. Il pagerank p' di u_4 verso u_5 è di 0,5. Se ora introduciamo $p(u_5) = 0,5$ la probabilità $d = 0,12$

$$p(u_4) = (1 - 0,12)N^T(0,5) + 0,5\frac{12}{5}(1,1,1,1,1)^T.$$

Su tutti i nodi possiamo esprimere il pagerank nel seguente modo:

$$p' = N^T p.$$

Se ora introduciamo la probabilità d di arrivare su un nodo u, e la probabilità $1-d$ invece rappresenta la probabilità che da u seguendo un random hyperlink verso un altro nodo. Dato un nodo v, il vettore pagerank è dato:

$$p'(v) = (1 - d)\sum_u N^T(v,u)p(u) + d\sum_u \frac{1}{n}p(u) \qquad (8.26)$$

$$= (1 - d)\sum_u N^T(v,u)p(u) + \frac{d}{n}. \qquad (8.27)$$

Notiamo che se $\sum_u p(u) = 1$ abbiamo $d\sum_u \frac{1}{n}p(u) = \frac{d}{n}$. Riscrivendo l'equazione:

$$p' = (1 - d)N^T p + \frac{d}{n}(1,1,\ldots,1)^T. \qquad (8.28)$$

Il vettore di pagerank può essere calcolato in maniera interattiva iniziando da un vettore p_0, e cambiandolo ad ogni iterazione.

8.4 Autorità e connessioni

Si noti che pagerank di un nodo è indipendente dalla ricerca che un utente può porre, dal momento che si tratta di un valore globale del prestigio di una pagina web. Tuttavia, per un determinato utente, una pagina con un elevato livello di pagerank non può che essere rilevante. Un utente vorrebbe avere come risultato da una ricerca su un motore di ricerca le pagine con un valore più alto di pagerank. L'hits, ossia il collegamento ipertestuale indotto dalla ricerca, è il metodo che è stato progettato per eseguire questa operazione. In realtà si calcolano due valori per giudicare l'importanza di una pagina. Una pagina con alta autorità ha molte pagine e connessioni che puntano ad essa, e una pagina con un elevato punteggio di connessioni, punta a molte pagine che hanno un elevato punteggio di autorità. Se denotiamo con $a(u)$ il punteggio di autorità e $h(u)$ il punteggio di connessione si vede come sono interdipendenti:

$$d'(v) = \sum_u E^T(v,u).h(u) \qquad (8.29)$$

$$h'(v) = \sum_u E^T(v,u).a(u). \qquad (8.30)$$

Otteniamo:

$$a' = E^T h \tag{8.31}$$

$$h' = Ea. \tag{8.32}$$

Infatti possiamo riscrivere:

$$a_k = E^T h_{k-1} = E^T(Ea_{k-1}) = (E^T E)a_{k-1} \tag{8.33}$$

$$h_k = E^T a_{k-1} = E^T(Eh_{k-1}) = (E^T E)h_{k-1} \tag{8.34}$$

con $k \to \infty$ il punteggio di autorità e di connessione converge al autovettore dominante $E^T E$. Questa relazione ci aiuta per calcolare autovettori in entrambi i casi.

Esempio 8.5. Data la matrice delle adiacenze della Figura 8.1 e la sua trasposta:

$$E = \begin{pmatrix} 0 & 0 & 0 & 1 & 0 \\ 0 & 0 & 1 & 0 & 1 \\ 1 & 0 & 0 & 0 & 0 \\ 0 & 0 & 1 & 0 & 1 \\ 0 & 1 & 0 & 0 & 0 \end{pmatrix}$$

$$E^T = \begin{pmatrix} 0 & 0 & 1 & 0 & 0 \\ 0 & 0 & 0 & 0 & 1 \\ 0 & 1 & 0 & 1 & 0 \\ 1 & 0 & 0 & 0 & 0 \\ 0 & 1 & 0 & 1 & 0 \end{pmatrix}.$$

La matrice N è data da:

$$N = \begin{pmatrix} 0 & 0 & 0 & 1 & 0 \\ 0 & 0 & 0{,}5 & 0 & 0{,}5 \\ 1 & 0 & 0 & 0 & 0 \\ 0 & 0 & 0{,}5 & 0 & 0{,}5 \\ 0 & 1 & 0 & 0 & 0 \end{pmatrix}.$$

8.5 Esercizi di riepilogo

8.1. Sia data la matrice delle adiacenze

$$E = \begin{pmatrix} 1 & - & 2 \\ 0 & & 1 \end{pmatrix}$$

calcoliamo:

- $E^T = E$? Se no si calcoli E^T;
- si calcoli p_k con k=3 conoscendo $p_1 = (-1, 0)^T$.

8.2. A partire dall'esercizio precedente 8.1:

- si calcolino gli autovettori e gli autovalori di E;
- per $k \to \infty$ si calcoli il prestigio p_{100} conoscendo $p_{99} = (1,1)^T$;
- si calcoli la matrice N dei pagerank;
- supponendo che ogni nodo abbia cardinalità 1, qual è il pagerank di u_2 verso u_1?

8.3. Sia dato il seguente grafo della Figura 8.2.

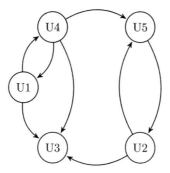

Figura 8.2. Esempio di grafo

Si calcoli:

- la matrice delle adiacenze E^T;
- p_k con $k = 3$ conoscendo $p_1 = (-1,0)^T$;
- gli autovettori e gli autovalori di E;
- per $k \to \infty$ si calcoli il prestigio p_{100} conoscendo $p_{99} = (1,1,1,1,1)^T$;
- la matrice N dei pagerank;
- supponendo che ogni nodo abbia cardinalità 1, qual è il pagerank di U_2 verso U_1?

Soluzioni degli esercizi

2.11 a.

2.13 d.

2.14 La numerosità è data dal seguente calcolo: $1{,}65^2 \cdot 0{,}25 \cdot 0{,}75/0{,}025^2 = 817$. Poiché il 27 % rientra nell'intervallo di errore non abbiamo elementi per dire che il valore si discosta significativamente dal 25 %; per decidere dobbiamo diminuire l'errore della stima e quindi aumentare la numerosità campionaria.

2.15 Il numero di osservazioni è pari e i due valori centrali sono 13,1 e 13,9; la mediana è individuata dalla loro media aritmetica e quindi è uguale a 13,5.

2.16 $\mu = 7{,}16$; devianza $= 14{,}835\,6$; $\rho_{xy} = 0{,}98$.

2.18

- Data cleaning: i valori mancanti indicati dal punto di domanda, devono essere rimpiazzati con valori stimati; i salari mancanti possono essere rimpiazzati con zero. Sul voto medio dei progetti non è possibile; rimane perciò da capire il dominio di applicazione della variabile.
- Data integration: nessun problema.
- Data transformation: nessun problema.
- Data reduction: cancellare la colonna salario, è indipendente e non è necessaria per la predizione.
- Data discretization: la variabile voto medio sui progetti e voto d'esame devono essere discretizzate. Si può usare l'equi-width binning.

4.2 I cluster risultano: $P_1 = \{A, B\}$, $P_2 = \{D, E, I\}$, $P_3 = \{C, F, G\}$. H e J sono outlier o rumore $P_{rumore} = \{H, J\}$.

Dulli S., Furini S., Peron E.: Data mining. © Springer-Verlag Italia 2009, Milano

4.3 Si procede a calcolare la matrice delle distanze:

	A_1	A_2	A_3	A_4	A_5	A_6	A_7	A_8
A_1	0	$\sqrt{25}$	$\sqrt{36}$	$\sqrt{13}$	$\sqrt{50}$	$\sqrt{52}$	$\sqrt{65}$	$\sqrt{5}$
A_2		0	$\sqrt{37}$	$\sqrt{18}$	$\sqrt{25}$	$\sqrt{17}$	$\sqrt{10}$	$\sqrt{20}$
A_3			0	$\sqrt{25}$	$\sqrt{2}$	$\sqrt{2}$	$\sqrt{53}$	$\sqrt{41}$
A_4				0	$\sqrt{52}$	$\sqrt{2}$	$\sqrt{13}$	$\sqrt{17}$
A_5					0	$\sqrt{2}$	$\sqrt{45}$	$\sqrt{25}$
A_6						0	$\sqrt{29}$	$\sqrt{29}$
A_7							0	$\sqrt{58}$
A_8								0

(a) $N_2(A_1) = \{A_1\}$; $N_2(A_2) = \{A_2\}$; $N_2(A_3) = \{A_3, A_5, A_6\}$; $N_2(A_4) = \{A_4, A_8\}$; $N_2(A_5) = \{A_5, A_3, A_6\}$; $N_2(A_6) = \{A_6, A_3, A_5\}$; $N_2(A_7) = \{A_7\}$; $N_2(A_8) = \{A_8, A_4\}$. A_1, A_2, e A_7 sono outliers, ed abbiamo solo due cluster $P_1 = \{A_4, A_8\}$ e $P_2 = \{A_3, A_5, A_6\}$.

(b) Se è $\varepsilon = \sqrt{10}$, allora alcuni punti risultano vicini: A_1 entra nel cluster P_1 e A_2 è messo insieme ad A_7 per formare un nuovo cluster $P_3 = \{A_2, A_7\}$.

5.2

1. A_1 è inizialmente un cluster, quindi $K_1 = \{A_1\}$.
2. A_2: guardiamo A_2 se può essere aggiunto a K_1 o posto in un nuovo cluster. $d(A_1, A_2) = \sqrt{25} = 5 > \theta \rightarrow K_2 = \{A_2\}$.
3. A_3: guardiamo la distanza da A_3 to A_1 and A_2.
4. A_3 $d(A_3, A_1) = \sqrt{72}$ e $d(A_3, A_2) = \sqrt{37} > \theta \rightarrow K3 = \{A_3\}$.
5. A_4: guardiamo la distanza da A_4 a A_1, A_2 e A_3.
6. A_1 $d(A_4, A_1) = \sqrt{13} < \theta \rightarrow K_1 = \{A_1, A_4\}$.
7. A_5: guardiamo la distanza da A_5 a A_1, A_2, A_3 e A_4.
8. A_3 $d(A_5, A_3) = \sqrt{2} < \theta \rightarrow K3 = \{A_3, A_5\}$.
9. A_6: guardiamo la distanza da A_6 a A_1, A_2, A_3, A_4 e A_5.
10. A_3 $d(A_6, A_3) = \sqrt{2} < \theta \rightarrow K3 = \{A_3, A_5, A_6\}$.
11. A_7: guardiamo la distanza da A_7 a A_1, A_2, A_3, A_4, A_5, e A_6.
12. A_2 $d(A_7, A_1) = \sqrt{65}$; $d(A_7, A_3) = \sqrt{53}$; ..., il minimo è $d(A_7, A_2) = \sqrt{10} < \theta \rightarrow K_2 = \{A_2, A_7\}$.
13. A_8: guardiamo la distanza da A_8 to A_1, A_2, A_3, A_4, A_5, A_6 e A_7.
14. A_4 è il punto di minima distanza $d(A_8, A_4) = 2 < \theta \rightarrow K_1 = \{A_1, A_4, A_8\}$.

Quindi:

$$K_1 = \{A_1, A_4, A_8\}, \ K_2 = \{A_2, A_7\}, \ K_3 = \{A_3, A_5, A_6\}. \tag{8.35}$$

5.3 Se scegliamo fra $NO_{clienti}$ e tipo vediamo che tipo ha l'entropia più bassa.

$$Clienti_{nessuno} = [0, x_7, x_1] = [0, 2]$$
$$Clienti_{pieno} = [x_4, x_1, x_2, x_5, x_{10}, x_9] = [2, 4]$$
$$Clienti_{alcuni} = [x_1, x_3, x_6, x_8, 0] = [4, 0].$$

Il logaritmo di zero non è definito ma noi lo valutiamo come zero.

$$H(S) = -1/2 \log_2(1/2) - 1/2 \log_2(1/2) = 1$$
$$H(S_{clienti}) = 4/12 H(S_{alcuni}) + 2/12 H(S_{ness}) + 6/12 H(S_{pieno})$$
$$H(S_{alcuni}) = 0$$
$$H(S_{ness}) = 0$$
$$H(S_{pieno}) = -2/6 \log_2(2/6) - 4/6 \log_2(4/6)$$
$$\text{gain}(S_{clienti}) = H(S) - H(S_{clienti}) = 1 - H(S_{clienti}) = 0{,}541$$
$$H(S) = -1/2 \log_2(1/2) - 1/2 \log_2(1/2) = 1$$
$$H(S_{tipo}) = 2/12 H(S_I) + 2/12 H(S_F) + 4/12 H(S_{burg}) + 4/12 H(S_{Thai})$$
$$= 2/12 + 2/12 + 4/12 + 4/12 = 1$$
$$H(S_I) = 1$$
$$H(S_F) = 1$$
$$H(S_{burg}) = 1$$
$$H(S_{Thai}) = 1$$
$$gain(S_{tipo}) = 1 - 1 = 0.$$

Il miglior information gain lo si ha con l'attributo clienti. L'algoritmo procede ricorsivamente considerando il valore 'pieno' di $no_{Clienti}$ e considerando gli esempi per quel valore:

– si analizzano gli altri attributi;
– si seleziona quello che discrimina meglio nel caso 'fame': per uno dei due valori si ha classificazione completa.

L'albero è del tipo $(NO_{clienti} \land \text{PIENO}) \Rightarrow \text{FAME}$.

5.12 Per il calcolo di x, y e z si consideri come assegna le categorie il Naïve Bayes.

$$P(\text{Economia}|E) = (0{,}9) \cdot (0{,}2)(0{,}35)(0{,}7)/P(E) = 0{,}044\,1/P(E)$$
$$P(\text{Politica}|E) = (0{,}05) \cdot (0{,}05)(0{,}45)(1 - y)/P(E) = 0{,}001\,125(1 - y)/P(E)$$
$$P(\text{Sport}|E) = (0{,}05) \cdot (x)(0{,}20)(1 - z)/P(E) = 0{,}01x(1 - z)/P(E),$$

dove E={A, B, $\sim$ C}. Anche se assegno $x = 1$ e $z = 0$ non posso superare la probabilità della classe economia, quindi la risposta esatta è (e).

6.1

x	y	x'	y'	$x'y'$	x'^2	y'^2
2,0	560	$-0,9$	36	$-32,4$	0,81	1 296
2,3	548	$-0,6$	24	$-14,4$	0,36	576
2,5	540	$-0,4$	16	$-6,4$	0,16	256
3,0	520	0,1	-4	$-0,4$	0,01	16
3,2	512	0,3	-12	$-3,6$	0,09	144
4,4	464	1,5	-60	$-90,0$	2,25	3 600
17,4	3 144			$-147,2$	3,68	5 888

Il coefficiente di correlazione risulta essere:

$$r = \frac{-147,2}{\sqrt{3,68 \cdot 5\,888}} = -1.$$

Perciò si può dire che la relazione è perfettamente inversa.

6.2 È $r = 0$, perciò non esiste correlazione lineare fra le due variabili; può esistere però correlazione non lineare.

6.5 La covarianza è 297,01. I coefficienti della retta di regressione risultano essere:

Coefficienti	Valori
a	1,096
b	89,420

6.6 Il vettore **v** contenente i coefficienti della curva risulta essere:

v
6,88
$-0,42$
$-13,84$

7.4 Le transazioni che contengono $\{B, D\} \cup \{E\} = \{B, D, E\}$ sono $\{003, 004, 005\}$. Il supporto è quindi:

$$supp(\{B, D\} \Rightarrow \{D\}) = \frac{3}{7}.$$

Le transazioni che contengono $\{B, D\}$ sono $\{003, 004, 005, 007\}$. La confidenza è quindi:

$$conf(\{B, D\} \Rightarrow \{D\}) = \frac{3}{4}.$$

7.7 Le regole con confidenza maggiore del 70 % sono: $\{Home\} \Rightarrow \{Download\}$, $\{Forum, Faq\} \Rightarrow \{News\}$, $\{Download\} \Rightarrow \{Faq\}$.

Glossario dei termini di data mining

A

Accuratezza: se riferita ai dati, esprime il tasso di valori corretti. Se riferita a un modello predittivo, esprime il tasso di previsioni corrette quando il modello viene applicato ai dati.

Active learning: progetto formativo centrato sulla realtà concreta di lavoro, che collega il processo di apprendimento individuale con il cambiamento organizzativo. L'active learning è particolarmente efficace per sviluppare competenze applicative, meno adatto a trasmettere conoscenze di base.

Affidabile: nel linguaggio tecnico, è "affidabile lo strumento che dà garanzia di buon funzionamento. Nell'indagine statistica, il termine si riferisce alla fonte dei dati, e quindi al metodo o alla procedura di produzione, all'addetto che esegue un'operazione etc. È, quindi, affidabile una procedura o un intervistatore dal quale si ottengono dati di qualità costante o poco variabile in (idealmente) ripetute applicazioni sotto identiche condizioni.

Aggregazione dei dati: aggregazione è una qualsiasi funzione dei dati elementari (registrati in distinti microdati) utilizzata per riassumere le informazioni in essi contenute. Per esempio, il reddito nazionale e i numeri indici dei prezzi sono aggregazioni di dati, mentre il reddito individuale e il prezzo di un bene sono dati elementari. L'aggregazione è talora svolta per rendere i dati pubblicabili evitando il rischio di riferimento individuale.

Albero di decisione: albero usato per rappresentare un classificatore. I nodi intermedi costituiscono i test da eseguire sul valore di un singolo attributo del dato di ingresso. In base all'esito del test si "decide" quale ramo in uscita seguire. I nodi foglia costituiscono le classi risultato della classificazione.

Algoritmi agglomerativi: sono agglomerative quelle tecniche che partendo da n elementi corrispondenti al numero delle unità producono di volta in volta un numero di cluster decrescente sino ad arrivare ad un unico cluster.

Algoritmi genetici: metodi di ottimizzazione che usano processi quali combinazioni genetiche, mutazioni, e selezione naturale in un contesto basato sul concetto di evoluzione.

Algoritmi scissori: i metodi scissori sono quegli algoritmi che a partire da un unico cluster separano in gruppi sempre più piccoli e numerosi sinchè il numero di cluster viene a coincidere con il numero delle unità.

Algoritmo apriori: l'apriori è un classico algoritmo per l'apprendimento di regole d'associazione. L'apriori opera su database contenenti transazioni (ad esempio, inisiemi di item comprati da utenti, o dettaglio sulla frequenza di visita di un sito web). Altri algoritmi sono stati scritti per la ricerca di regole d'associazione che non operano sulle transazioni (winepi e minepi), o privi di timestamp (sequenze di DNA).

Algoritmo di apprendimento: s'intende il sistema con il quale si addestra la rete a compiere delle operazioni per la quale è stata realizzata. L'algoritmo durante la fase d'apprendimento della rete modifica (caso più banale) i pesi delle connessioni, cambiando quindi il comportamento della rete e il funzionamento dei neuroni stessi. Esistono due tipi d'apprendimento: quello con supervisione nel caso in cui i pesi siano modificati in base al valore desiderato dell'uscita o senza supervisione se la rete si modifica in relazione ai soli ingressi (lasciando in pratica che sia la rete ad autoadattarsi).

Algoritmo k-means: l'algoritmo k-means è un algoritmo di clustering che permette di suddividere gruppi di oggetti in k partizioni sulla base dei loro attributi. Si assume che gli attributi degli oggetti possano essere rappresentati come vettori, e che quindi formino uno spazio vettoriale. L'obiettivo che l'algoritmo si prepone è di minimizzare la varianza totale intra-cluster. Ogni cluster viene identificato mediante un centroide o punto medio. L'algoritmo segue una procedura iterativa. Inizialmente crea k partizioni e assegna ad ogni partizione i punti d'ingresso o casualmente o usando alcune informazioni euristiche a questo punto ricalcola il centroide di ogni gruppo. Costruisce quindi una nuova partizione associando ogni punto d'ingresso al cluster il cui centroide è più vicino ad esso. Quindi vengono ricalcolati i centroidi per i nuovi cluster e così via, finché l'algoritmo non converge.

Ampiezza dei dati: vedi numerosità dei dati.

Analisi dei dati prospettiche: analisi dei dati che predicono trend futuri, comportamenti, o eventi basati su dati storici.

Analisi dei dati retrospettiva: analisi dei dati che fornisce suggerimenti sui trends, comportamenti o eventi che sono già accaduti.

Analisi delle associazioni: vedi algoritmo apriori.

Analisi delle componenti principali: è una tecnica di riduzione delle variabili.

Analisi delle serie temporali: si riferisce all'analisi di una sequenza di misurazioni fatte a intervalli di tempo specificati.

Analisi esplorativa dei dati: l'uso di tecniche grafiche e statistiche descrittive per acquisire informazioni sulla struttura di un dataset preliminari ad una analisi più diretta.

Analisi fattoriale: è una tecnica di riduzione delle variabili.

Analisi quantitativa: indagine fondata sulla valutazione di misure quantitative, ad esempio il numero delle volte in cui è stata citata l'organizzazione sulla stampa, il numero di articoli pubblicati.

Asimmetria: asimmetrica si dice la distribuzione di frequenze che presenta sulle code valori estremi con basse frequenze. Si può avere la coda a destra, e in tal caso l'asimmetria si dice positiva, o la coda a sinistra, e in tal caso l'asimmetria si dice negativa. In una distribuzione di frequenze di una variabile continua, la media è condizionata dai valori estremi e, come indice di tendenza centrale, è considerata meno rappresentativa della mediana, la quale è insensibile ai valori estremi.

Attributo: è una caratteristica qualitativa di un individuo. Il termine si usa talvolta per giustapporre una caratteristica qualitativa ad una quantitativa. Per esempio, per gli esseri umani, il sesso è un attributo e l'età è una caratteristica quantitativa. In taluni casi, l'attributo è una modalità, e quindi identifica una caratteristica dicotomica, nel senso che le unità della popolazione sono classificabili in una delle due categorie complementari secondo che possiedano o no lo specifico attributo. In altri casi, però, si denomina attributo anche la variabile qualitativa stessa, qualunque sia il numero di possibili modalità; per esempio, si dice che il gruppo sanguigno di una persona è un attributo, anche se le alternative di classificazione sono numerose.

B

Backpropagation: uno dei più comuni algoritmi di apprendimento per calcolare i pesi di una rete neurale dai dati.

Banca dati: insieme strutturato e permanente di archivi di dati di grandi dimensioni, inerenti ad uno o più fenomeni sociali, economici o naturali, accessibile mediante programmi predisposti ad hoc. Oggi si tende a gestire le banche dati come basi di dati informatiche.

Binning: una attività di pre-elaborazione che converte dati continui in dati discreti, dividendo i valori possibili in intervalli e sostituendo il dato compreso in un intervallo con il bin associato. Ad esempio l'età può essere convertita in bin del tipo: fino a 20 anni, da 21 a 30, da 31 a 50, da 51 a 65, maggiore di 65.

Bootstrap: il bootstrap è una tecnica statistica di ricampionamento per approssimare la distribuzione campionaria di una statistica. permette perciò, di approssimare media e varianza di uno stimatore, costruire intervalli di confidenza e calcolare p-values di test quando, in particolare, non si conosce la distribuzione della statistica di interesse.

C

Campionamento causale semplice: è il metodo di selezione di campioni casuali nel quale ogni membro della popolazione ha una uguale probabilità di selezione e le estrazioni successive sono indipendenti. Un metodo di formazione di tali campioni è il campionamento con reimmissione.

Campionamento con reinserimento: con reinserimento, o bernoulliano, è detto il criterio di selezione casuale di campioni nel quale, dopo ogni estrazione di unità, si reiserisce l'unità estratta nell'urna. L'estrazione con reinserimento si può effettuare anche con le tavole dei numeri casuali.

Campionamento: in statistica il campionamento statistico (che si appoggia alla teoria dei campioni o del campionamento) sta alla base della inferenza statistica, la quale si divide in due grandi capitoli: la stima e la verifica d'ipotesi.

CART: alberi di classificazione e regressione. È un metodo di alberi di decisione usato per classificare un dataset. Fornisce un insieme di regole da applicare a un nuovo dataset (non classificato) per predire quali records avranno una certa caratteristica. Segmenta un dataset creando uno split a due vie. Richiede una preparazione dei dati minore del CHAID.

Cella: un singolo valore puntuale che si trova all'intersezione definita selezionando un membro da ciascuna dimensione in un vettore multidimensionale. Per esempio se le dimensioni sono costo, tempo, prodotto, e geografia allora i membri delle dimensioni: vendite, gennaio 2001, biciclette e Italia specificano una precisa intersezione lungo tutte le dimensioni che identifica univocamente una singola cella di dati contenente il valore delle biciclette vendute in Italia nel gennaio 2001.

CHAID: CHi square Automatic Interaction Detection. un metodo di alberi di decisione usato per classificare un dataset. Fornisce un insieme di regole da applicare a un nuovo dataset (non classificato) per predire quali records avranno una certa caratteristica. segmenta un dataset utilizzando i test chi quadro per creare split multivie. richiede una preparazione dei dati maggiore del CART.

Churn analysis: analisi degli abbandoni.

Classificazione: l'operazione di mappare un insieme di elementi su delle classi predefinite.

Click-stream: è l'analisi dei click relativi alla navigazione su web.

Clustering: la tecnica di dividere un dataset in gruppi mutualmente esclusivi, con i membri di ciascun gruppo il più vicino possibile tra di loro e il più lontano possibile dai membri degli altri gruppi. viene usato un metodo di apprendimento non supervisionato

Combinazione di membri: una combinazione di membri è una descrizione esatta di un'unica cella in un vettore multidimensionale, e consiste nella selezione di uno specifico membro per ogni dimensione del vettore. Una combinazione di membri può non avere senso (per esempio la vendita di macchine da neve a Miami).

Confidenza: la confidenza di una regola di associazione del tipo $A \Rightarrow B$ indica la frequenza che con la quale è presente B all'interno dell'insieme di elementi che contegono A.

Core point: vedi DBSCAN

Cross validation: un metodo per stimare l'accuratezza di un modello di classificazione o regressione nel quale un dataset viene suddiviso in più parti, e ciascuna parte viene usata a turno per verificare il modello addestrato sulle parti rimanenti.

Cubo: vedi data cube

CRM: Customer Relationship Management è il processo con il quale le compagnie gestiscono le interazioni con i loro clienti.

D

Database multidimensionale: un database progettato per l'elaborazione analitica on-line. È strutturato come un ipercubo multidimensionale con un asse per dimensione.

Data cleaning: il processo che elimina le ridondanze e le inconsistenze nei valori presenti in un dataset.

Data cube: anche cubo, hypercube, vettori multidimensionali, database multidimensionali. È una struttura dati multidimensionale, un gruppo di celle di dati organizzate secondo le dimensioni. Per esempio un foglio elettronico esemplifica un vettore a due dimensioni con le celle organizzate in righe e colonne essendo ognuna una dimensione. Un vettore tridimensionale può essere visualizzato come un cubo, dove ogni dimensione è un lato del cubo. Vettori di dimensioni maggiori non hanno metafore fisiche, ma organizzano i dati nel modo in cui gli utenti vedono l'azienda. Tipiche dimensioni aziendali sono il tempo, i prodotti, le locazioni geografiche, canali di vendita, etc. Non è raro incontrare più di 20 dimensioni; comunque maggiore è il numero delle dimensioni, maggiore è la complessità nel manipolare e nel fare data mining sul cubo e maggiore può essere la sparsità del cubo.

Data mart: un piccolo datawarehouse tematico usato da singoli reparti o gruppi di individui di un reparto.

Data mining: l'estrazione di informazioni nascoste da grandi database allo scopo di individuare patterns e correlazioni utili.

Data steward: un nuovo ruolo di analista emergente nei reparti aziendali. La persona che ha la responsabilità del contenuto dei dati e la loro qualità.

Data warehouse: un sistema per immagazzinare i dati storici di un'organizzazione e consentire di produrre facilmente interrogazioni complesse ed analisi.

Dataset: un dataset, così come dice anche la traduzione, è un insieme di dati. Un data set (o dataset) si presenta spesso in forma tabellare, ogni colonna rappresenta una variabile (come ad esempio Nome, Cognome, Colore occhi, . . .). Ogni riga corrisponde all'informazione oggetto di studio del dataset. In particolar modo è una lista di valori corrispondenti alle variabili ad esempio: Mario, Rossi, verde, . . . la dimensione del dataset può essere data dal numero delle righe presenti. Di fatto si identifica un dataset come un tabella contente dati.

Dati anomali: dati risultanti da errori (per esempio dati da errori nel data entry) o che rappresentano eventi inusuali. I dati anomali devono essere esaminati accuratamente perchè possono contenere informazioni importanti.

DBSCAN: il DBSCAN (Density-Based Spatial Clustering of Applications with Noise) è un metodo di clustering proposto nel 1996, basato sulla densità; esso connette regioni di punti con densità dei medesimi sufficientemente alta. Per ogni oggetto, saranno trovati i vicini che ricadono in un raggio dato come parametro in ingresso; se il numero di tali vicini è superiore ad un fattore di soglia (anch'esso fornito in input all'algoritmo), allora tali punti faranno parte del medesimo cluster di quello dell'oggetto che si sta osservando (in questo caso il nostro punto sarà denominato core point).

Dendrogramma: diagramma ad albero usato per illustrare le relazioni tra i cluster ottenuti da un metodo di clustering gerarchico. Le foglie rappresentano i punti di partenza; i figli o i discendenti di un nodo appartengono ad uno stesso cluster; le lunghezze dei rami sono proporzionali alle distanze tra i cluster.

Denso: un database multidimensionale è denso se una percentuale relativamente alta delle possibili combinazioni dei membri di una dimensione contiene dei valori. È l'opposto di sparso.

DFT: algoritmo per il calcolo della trasformata di Fourier discreta. Questo algoritmo può calcolare la trasformata discreta di Fourier di un vettore lungo N con complessità computazionale pari a $N * N$.

Dice: un operatore OLAP. L'operazione di dice è un'operazione di slice su più di due dimensioni di un data cube (o più di due slice consecutive).

Dimensione: in un database relazionale o piatto (flat) ogni campo di un record rappresenta una dimensione. In un database multidimensionale, una dimensione è un insieme di entità simili;per esempio un database delle vendite multidimensionale può includere le dimensioni prodotto, tempo e città.

Discretizzazione: la discretizzazione è il processo di trasformazione di un fenomeno continuo in un suo corrispondente discreto. A questo scopo si effettua un'operazione di campionamento: il fenomeno viene suddiviso in intervalli, per ognuno dei quali si sceglie un istante di riferimento e lo si considera rappresentativo del comportamento del fenomeno per tutto l'intervallo. Il livello di accuratezza della rappresentazione è proporzionale al numero di intervalli che si esaminano.

Distribuzione campionaria: distribuzione di una statistica o di un insieme di statistiche in tutti i campioni che si possono formare con una dato schema di campionamento. In genere, associata allo schema di campionamento è una procedura di selezione delle unità della popolazione. L'espressione riguarda la distribuzione di una funzione di un numero fisso di n variabili indipendenti.

drill-down: è un operatore OLAP. Consiste in una specifica tecnica analitica con cui l'utente naviga lungo livelli di dati di una gerarchia concettuale, spaziando dai dati più aggregati, detti sommarizzati, (in su) a quelli più di dettaglio (in giù). Per esempio, se si stanno visualizzando i dati del Nord America, un'operazione di drill-down nella dimensione Locazione mostrerà i dati del Canada, Stati Uniti e Messico. Un drill-down sul Canada, mostrerà le provincie o gruppi di provincie Quebec, Maritime, Ontario, British Columbia etc. Con due ulteriori passi di drill si visualizzeranno le città.

Drill-through: è un operatore OLAP. L'operazione ha lo scopo specifico di permettere all'utente partendo da una gerarchia di concetto di una specifica dimensione, di vedere i dati grezzi appartenenti a un concetto di alto livello.

Drill-up: è un operatore OLAP. Vedi roll-up (opposto di drill-down).

E

Elaborazione parallela: l'uso coordinato di processori multipli per elaborare specifici tasks computazionali. L'elaborazione parallela avviene o in un computer multiprocessore o in una rete di workstations o di pc.

Entropia: misura di eterogeneità dei dati. Usata nell'apprendimento di alcuni alberi di decisione nei quali la suddivisione dei dati in gruppi viene effettuata in modo da minimizzare l'entropia.

Errore quadratico medio: indice di misura della variabilità dato dalla media del quadrato degli scarti attorno ad un'origine arbitraria. Se l'origine è la media delle osservazioni, l'errore quadratico medio coincide con la varianza. Se l'origine è il valore vero del parametro, e questo non coincide con la media delle osservazioni, ossia la media è distorta, l'errore quadratico medio è dato dall'unione della varianza e del quadrato della distorsione.

Errore: scostamento fra il dato che si sta esaminando e il suo valore "vero", ossia reale. Tra i tipi di errore si distinguono quelli casuali, che si annullano in media, da quelli sistematici, sempre uguali in direzione e misura. In una indagine statistica, tra le fonti di errore si annoverano il campionamento, la rilevazione dei dati, la codifica, la registrazione, l'imposizione automatica di codici, l'approssimazione numerica, etc, nonché l'allontamento dalla rappresentatività.

F

Feed-forward: una rete neurale nella quale i segnali viaggiano in una sola direzione, dagli ingressi verso le uscite, escludendo la possibilità di cicli.

figli: membri di una dimensione che sono inclusi in una computazione per produrre un totale consolidato per un membro padre. I figli possono anch'essi essere livelli consolidati, il che richiede che abbiano a loro volta dei figli. Un membro può essere figlio di più genitori, e i genitori multipli di un figlio non è detto siano allo stesso livello di gerarchia, creando così aggregazioni gerarchiche multiple complesse dentro una qualsiasi dimensione.

Filtro di Kalman: è un filtro ricorsivo che valuta lo stato di un sistema dinamico a partire da una serie di misure soggette a rumore.

Frequenza: in statistica, dato un carattere oggetto di rilevazione, si intende per frequenza il numero delle unità statistiche su cui una sua modalità si presenta. Le frequenze si usano per rappresentare sinteticamente i dati elementari rilevati, utilizzando le distribuzioni di frequenza.

G

Gerarchia concettuale: una gerarchia concettuale definisce un percorso di drilling dentro una dimensione.

Gigabyte: un miliardo di bytes

H

Hypercube: anche hyper-cube. Vedi data cube

I

ID3: algoritmo per la generazione di un albero di decisione.

Information gain: diminuzione di entropia che si ottiene partizionando i dati rispetto ad un certo attributo. Vedi albero di decisione.

Istogramma: diagramma a blocchi usato per rappresentare una distribuzione di frequenze. Si tratta di una serie di rettangoli verticali, adiacenti tra loro, posti lungo un asse di riferimento. Se la variabile è quantitativa, l'area di ciascun rettangolo è proporzionale alla frequenza con cui si verifica la classe rappresentata sull'asse di riferimento. Si trovano rappresentati "istogrammi lineari", nei quali i rettangoli sono disposti lungo una retta, e "istogrammi circolari", nei quali i rettangoli sono attaccati alla circonferenza di un cerchio. Quando non è diversamente specificato, si intende che l'istogramma è lineare.

Item: termine inglese che denota una modalità di una variabile qualitativa, altre volte una variabile appartenente ad una batteria di variabili, omogenee per scala di misura, e riferentisi ad uno stesso concetto. In uno scritto, sono preferibili i termini italiani che il termine inglese sostituisce.

Itemset: insieme di item

Ipercubi: o hypercube (anche hyper-cube). Vedi data cube.

K

KDD: è definito come il processo di scoperta di conoscenza.

L

Lift: numero che indica l'incremento nella risposta ad una campagna di marketing che faccia uso di un modello predittivo rispetto al caso in cui non si faccia uso del modello predittivo.

Linguaggio di interrogazione multidimensionale: un linguaggio, (Multi-Dimensional Query Language), che permette di specificare quale dati estrarre da un cubo. Il processo utente per questo tipo di interrogazione è generalmente chiamato slicing and dicing. Il risultato di una interrogazione multidimensionale può essere sia una cella, una slice bidimensionale o un sottocubo multidimensionale.

M

Mappe di Kohonen: vedi SOM

Market basket analysis: è quel processo che analizza le abitudini di acquisto dei clienti trovando associazioni su diversi prodotti comprati; tale processo è utile per l'adozione di strategie di marketing ad hoc. Tecnicamente si pensa all'insieme degli oggetti che possono essere comprati al supermercato, ogni oggetto sarà rappresentato da una variabile booleana che starà ad indicare se è stato acquistato o meno, ogni carrello quindi sarà rappresentato da un vettore di booleani.

Marketing diretto: sistema di marketing interattivo che utilizza vari media per conseguire un risultato quantificabile. La comunicazione è a risposta diretta a due vie, il contatto è mirato e personalizzato, grazie alle informazioni su ogni singolo componente raccolte in genere in un data base e l'efficacia delle comunicazioni è direttamente misurabile.

Matrice di confusione: è l'insieme degli esiti dell'applicazione di un classificatore binario.

Media: la media è un indicatore di posizione. Nella lingua italiana, in statistica, spesso viene chiamata media (intendendo implicitamente "aritmetica") ciò che realmente si chiama valore atteso, in quanto vengono calcolati nello stesso modo, ma hanno significati teorici differenti: per taluni la media aritmetica viene applicata soltanto nella statistica descrittiva e il valore atteso nell'ambito della probabilità e delle variabili casuali in particolare.

Mediana: in statistica descrittiva, data una distribuzione X di un carattere quantitativo oppure qualitativo ordinabile (ovvero le cui modalità possano essere ordinate in base a qualche criterio), si definisce la mediana come il valore/modalità (o l'insieme di valori/modalità) assunto dalle unità statistiche che si trovano nel mezzo della distribuzione.

Membro: anche concetto, posizione, item, attributo. Un membro di una dimensione è un nome per identificare la posizione e descrizione di un elemento all'interno di una dimensione. Per esempio, Gennaio 1999 o 1trimestre98 sono tipici esempi di membri di una dimensione Tempo. All'ingrosso, al dettaglio sono tipici esempi di membri della dimensione canale di distribuzione.

Metodo: in data mining si intendono gli algoritmi o le tecniche utilizzate per la scoperta di conoscenza.

Misurazione dell'errore: processo che porta alla quantificazione dell'errore statistico presente nei dati utilizzati per l'analisi statistica. Per determinare l'entità dell'errore associato ad una stima, è necessario ricorrere ad un modello generatore degli errori, dato che - salvo improbabili eccezioni - gli errori nei dati elementari non sono identitificabili. Generalmente, si assume che l'errore statistico sia generato dal processo di campionamento delle unità e dai vari errori extra-campionari che si possono commettere nella rilevazione, nella elaborazione e nella interpretazione dei dati. Gli errori di tipo casuale determinano varianza nelle stime, quelli di tipo sistematico determinano distorsione nelle stesse. Se, come spesso succede, la distorsione non è stimata, gli errori casuali e quelli sistematici si assommano nell'errore quadratico medio delle stime.

Misure di prossimità: un insieme unito per dissimilarità è in un insieme di punti tali che le distanze fra i punti sono approssimazioni delle dissimilarità fra di essi.

Moda: in statistica, la moda o norma della distribuzione di frequenza X è la modalità (o la classe di modalità) caratterizzata dalla massima frequenza. In altre parole, è il valore che compare più frequentemente.

Modalità: un possibile modo di realizzarsi di una variabile statistica. Se le modalità sono valori, la variabile si denomina quantitativa, se le modalità sono espressioni qualitative, la variabile è detta qualitativa. Le modalità qualitative possono essere ordinabili, e allora la variabile si dice ordinale, o su scala ordinale, o non ordinabili, e allora la variabile si dice nominale (significa che le modalità sono solo "nomi"), o sconnessa.

Modello analitico: una struttura e processo per analizzare un dataset. Per esempio un albero di decisione è un modello per la classificazione.

Modello lineare: un modello analitico che assume l'esistenza di relazioni lineari nei coefficienti delle variabili sotto esame.

Modello predittivo: uno schema per predire i valori di certe variabili specifiche in un dataset.

Modello: schema teorico che può essere elaborato in varie scienze e discipline per rappresentare gli elementi fondamentali di uno o più fenomeni (= aspetto della realtà o enti).

N

Navigazione fra i dati: il processo di vedere dimensioni e livelli di dettaglio diversi in un database multidimensionale. Vedi anche OLAP.

Nearest neighbor: Metodo di classificazione supervisionato basato su features riconoscibili.

Numerosità dei dati: in data mining la numerosità dei dati è un elemento importante. L'ampiezza dei dati su cui scavare di solito è molto grande, dell'ordine di gigabytes e oltre. Qui sono elencate alcune misure di ampiezza dei dati:
Kilo $= 10^3 = 1,000$
Mega $= 10^6 = 1,000,000$
Giga $= 10^9 = 1,000,000,000$
Tera $= 10^{12} = 1,000,000,000,000$
Peta $= 10^{15} = 1,000,000,000,000,000$
Exa $= 10^{18} = 1,000,000,000,000,000,000$
Zetta $= 10^{21} = 1,000,000,000,000,000,000,000$
Yotta $= 10^{24} = 1,000,000,000,000,000,000,000,000$
1 Gigabyte $= 1$ miliardo di bytes
1 Terabyte $= 1000$ miliardi di bytes
1 Exabyte $= 1$ miliardo di gigabytes
1 Yottabyte $= 1000$ miliardi di terabytes

1 Yottabyte = 1000 miliardi di terabytes

O

OLAP: On-Line Analytical Processing cioè elaborazione analitica on-line. Si riferisce ad applicazioni su basi di dati orientate ai vettori che permettono agli utenti (analisti, manager e responsabili di business) di vedere, navigare, manipolare e analizzare database multidimensionali. Con il software OLAP, gli utenti prendono visione dei dati attraverso un accesso veloce, consistente ed interattivo ad un ampio spettro di possibili viste. Esempi di operazioni OLAP sono: drill-down, drill-through, roll-up, slice, dice, pivot, etc.

Outlier: un elemento di un data set, il cui valore cade fuori dei limiti che racchiudono la maggior parte degli altri valori. Può essere sintomo di dato anomalo e deve essere esaminato con attenzione.

Overfitting: in statistica, si parla di overfitting (eccessivo adattamento) quando un modello statistico si adatta ai dati osservati (il campione) usando un numero eccessivo di parametri. Un modello assurdo e sbagliato può adattarsi perfettamente se è abbastanza complesso rispetto alla quantità di dati disponibili.

P

Padre o genitore: il membro (o concetto) che si trova ad un livello superiore rispetto ad un altro membro, in una gerarchia concettuale. Generalmente il valore del padre è una consolidazione di tutti i valori dei suoi figli.

Pagerank: è un metodo per calcolare la probabilità navigando di capitare nella pagina corrispondente alla ricerca.

Parallel process: vedi elaborazione parallela

Pattern: pattern è un termine inglese che tradotto letteralmente sta per modello, esempio, campione e, in generale, può essere utilizzato per indicare una regolarità che si osserva nello spazio e/o nel tempo nel fare o generare delle cose. Allo stesso tempo può indicare una regolarità che si riscontra comune a delle cose.

Percentile: il percentile (termine usato in statistica) è semplicemente il quantile di una distribuzione di probabilità normale espresso in termini percentuali. Si veda quantile

Pivot: è un operatore OLAP. L'operazione consiste nel cambiare l'orientazione dimensionale di un repart o di una certa pagina (tabella). Per esempio, il pivoting può consistere nello scambiare le righe con le colonne, o nello spostare una delle dimensioni riga in una dimensione colonna. Un esempio specifico può essere un report che ha Tempo nelle colonne e Prodotti nelle righe; ruotando si otterrà un report che ha Prodotti nelle colonne e Tempo nelle righe.

Q

Quantile: in statistica, i quartili ripartiscono una distribuzione di dati in 4 parti di pari frequenze. Il primo quartile è il valore (o l'insieme di valori) di una distribuzione X per cui la frequenza cumulata vale 0,25. Inoltre, puo' essere calcolato sia a partire da dati grezzi sia a partire da dati organizzati in classi.

R

RAID: Redundant Array of Inexpensive Disks. Una tecnologia per la memorizzazione parallela efficiente dei dati per sistemi di calcolo ad alte prestazioni.

Regressione lineare: un metodo statistico usato per trovare la relazione lineare che meglio si adatta (best fitting) fra una variabile target (dipendente) e i suoi predittori (variabili indipendenti).

Regressione logistica: una regressione lineare che predice le proporzioni di una variabile target categorica, quale tipo di cliente, in una popolazione.

Reti neurali artificiali: modelli predittivi non lineari che imparano attraverso il training e che richiamano come struttura le reti neurali biologiche.

ROC: Receiver Operating Characteristic è una curva relativa al modello di classificazione binaria e supervisionato; serve per valutare il risultato di un modello di classificazione.

Roll-up: anche drill-up. È un operatore OLAP. È una specifica tecnica analitica con cui l'utente naviga fra i livelli di dati spaziando dai più dettagliati (in giù) ai più aggregati (in su), lungo una gerarchia concettuale. Per esempio, se si stanno osservando i dati per la città di Toronto, un'operazione di roll-up nella dimensione Locazione mostrerà i dati dell'Ontario (cioè il concetto di livello superiore, il padre di Toronto). Un ulteriore roll-up sempre sulla stessa dimensione, mostrerà i dati del Canada.

Rule induction: l'estrazione da dati di regole if-then-else utili, basata sulla significatività statistica.

Rumore: s'intende un errore casuale su una variabile misurata.

S

Scoring: è l'assegnazione di un punteggio, che esprime la probabilità del verificarsi di un evento alle variabili di un modello.

Serie temporali: un insieme di fenomeni misurati nel tempo. L'utilizzo di questo termine fa riferimento anche a modelli di tipo previsionali.

Similarità: tutte le tecniche di clustering si basano sul concetto di distanza tra due elementi. Infatti la bontà delle analisi ottenute dagli algoritmi di clustering dipende essenzialmente da quanto è significativa la metrica, e quindi da come è stata definita la distanza. La distanza è un concetto fondamentale, dato che gli algoritmi di clustering raggruppano gli elementi a seconda della distanza detta anche similarità, e quindi l'appartenenza o meno ad un insieme dipende da quanto l'elemento preso in esame è distante dall'insieme.

Sinapsi: nel cervello sono le unità che presiedono al passaggio d'informazioni da e per il neurone, mediante sostanze chimiche chiamate neurotrasmettitori.

Slice: è un operatore OLAP. L'operazione consiste nel selezionare ad un certo livello di gerarchia concettuale, un sottoinsieme di un vettore multidimensionale (o cubo) corrispondente a un singolo valore per uno o più membri delle dimensioni. Una slice di un cubo è anch'essa il risultato di un'operazione di slice. Per esempio, se viene selezionato il membro Stati Uniti dalla dimensione Locazione, allora il sottocubo di tutte le restanti dimensioni è la slice specificata. Dal punto di vista dell'utente, il termine slice spesso si riferisce a una faccia bidimensionale selezionata dal cubo.

Slice and dice: è un operatore OLAP. Identifica un processo di navigazione iniziato dall'utente che chiede la visualizzazione di pagine interattivamente, attraverso la specifica di slices, pivotting e drilling.

Smoothing: lisciamento dei dati.

SMP: Symmetric MultiProcessor, multiprocessore simmetrico. Un tipo di architettura di computer multiprocessore in cui vi è condivisione della memoria fra processori.

SOM: le Self-Organizing Map (SOM) sono un particolare tipo di rete neurale artificiale. Questa è addestrata usando l'apprendimento non supervisionato per produrre una rappresentazione dei campioni di training in uno spazio a bassa dimensione preservando le proprietà topologiche dello spazio degli ingressi. Questa proprietà rende le SOM particolarmente utili per la visualizzazione di dati di dimensione elevata. Il modello fu inizialmente descritto dal professore finlandese Teuvo Kohonen e spesso ci si riferisce a questo modello come mappe di Kohonen.

Sparso: un data set multidimensionale è sparso se una percentuale relativamente alta delle possibili combinazioni (intersezioni) dei membri dalle dimensioni del data set, contiene dati mancanti. Il numero totale delle possibili intersezioni può essere calcolato moltiplicando il numero dei membri di ogni dimensione. Data sets contenenti uno per cento, .01 per cento o anche percentuali minori di dati possibili, esistono e sono abbastanza comuni. L'opposto di un cubo sparso si chiama cubo denso.

Statistiche descrittive: dati statistici di sintesi di osservazioni ottenuti con l'intento di descrivere un determinato fenomeno. In questo senso, si giustappongono a statistiche analitiche, che mirano invece a studiare le relazioni tra fenomeni. Se si considera che la rappresentazione di una relazione altro non è che una descrizione, la distinzione non è interamente logica.

Strategia: l'insieme dei metodi per risolvere uno specifico problema di data mining.

Supervisionato: si dice di un modello di cui si conoscono gli esiti

Support vector machine: le macchine a vettori di supporto (SVM, dall'inglese support vector machines), o macchine kernel, sono un insieme di metodi di apprendimento supervisionato per la regressione e la classificazione di pattern, sviluppati negli anni '90 da Vladimir Vapnik ed il suo team presso i laboratori bell AT&T. Appartengono alla famiglia dei classificatori lineari generalizzati e sono anche note come classificatori a massimo margine, poiché allo stesso tempo minimizzano l'errore empirico di classificazione e massimizzano il margine geometrico.

T

Text mining: data mining applicato a dati di tipo testuale.

Training-set: campione di dati su cui si allenano i modelli.

V

Validation-set: campionde di dati su cui si testano i modelli del training-set.

Variabile: qualsiasi quantità che varia, ossia che può assumere più valori. Si contrappone in questo senso a costante. Una variabile statistica è una variabile con una specificata distribuzione di frequenza o di probabilità che esprime quanto spesso i valori ammessi appaiono nella situazione descritta. Si denomina per questo anche "variabile casuale".

Varianza: la varianza è un indicatore di dispersione in quanto è nulla solo nei casi in cui tutti i valori sono uguali tra di loro (e pertanto uguali alla loro media) e cresce con il crescere delle differenze reciproche dei valori. Trattandosi di una somma di valori (anche negativi) al quadrato, è evidente che la varianza non sarà mai negativa.

Vettore multidimensionale: vedi data cube.

Visualizzazione: l'interpretazione visuale di relazioni complesse in dati multidimensionali.

Bibliografia

[1] John Aach and George M. Church. Aligning gene expression time series with time warping algorithms. *Bioinformatics*, 17(6):495–508, 2001

[2] Pieter Adriaans and Dolf Zantinge. *Data Mining*. Addison-Wesley, Reading, Massachusetts, 1996

[3] Rakesh Agrawal, Sakti P. Ghosh, Tomasz Imielinski, Balakrishna R. Iyer, and Arun N. Swami. An interval classifier for database mining applications. In Li-Yan Yuan, editor, *Proceedings of the 18th International Conference on Very Large Databases*, pages 560–573. Morgan Kaufmann, 1992

[4] Rakesh Agrawal, Tomasz Imielinski, and Arun N. Swami. Database mining: A performance perspective. *IEEE Transactions on Knowledge and Data Engineering*, 5(6):914–925, December 1993

[5] Rakesh Agrawal, Tomasz Imielinski, and Arun N. Swami. Mining association rules between sets of items in large databases. In Peter Buneman and Sushil Jajodia, editors, *Proceedings of the 1993 ACM SIGMOD International Conference on Management of Data*, pages 207–216, Washington, D.C., 26–28 May 1993

[6] Rakesh Agrawal and Ramakrishnan Srikant. Fast algorithms for mining association rules in large databases. In Jorgeesh Bocca, Matthias Jarke, and Carlo Zaniolo, editors, *Proceedings of the Twentieth International Conference on Very Large Databases*, pages 487–499, Santiago, Cile, 12–15 September 1994

[7] Rakesh Agrawal and Ramakrishnan Srikant. Mining sequential patterns. In Philip S. Yu and Arbee S. P. Chen, editors, *Eleventh International Conference on Data Engineering*, pages 3–14, Taipei, Taiwan, 1995. IEEE Computer Society Press

[8] Rakesh Agrawal and Ramakrishnan Srikant. Mining sequential patterns. In Philip S. Yu and Arbee L. P. Chen, editors, *Proceedings of the Eleventh International Conference on Data Engineering*, pages 3–14. IEEE Computer Society, 1995

[9] David W. Aha. Tolerating noisy, irrelevant and novel attributes in instance-based learning algorithms. *International Journal of Man-Machine Studies*, 36(2):267–287, February 1992

[10] Khaled K. Al-Taha, Richard T. Snodgrass, and Michael D. Soo. Bibliography on spatiotemporal databases. *ACM SIGMOD Record*, 22(1):59–67, 1993

[11] Hussein Almuallim and Thomas G. Dietterich. Learning with many irrelevant features. In *Proceedings of the Ninth National Conference on Artificial Intelligence (AAAI-91)*, volume 2, pages 547–552, Anaheim, California, July 1991. AAAI Press

[12] Hussein Almuallim and Thomas G. Dietterich. Efficient algorithms for identifying relevant features. In *Proceedings of the Ninth Canadian Conference on Artificial Intelligence*, pages 38–45, 13 September 1992

[13] Orly Alter, Patrick O. Brown, and David Botstein. Singular value decomposition for genome-wide expression data processing and modeling. *Proceedings of the National Academy of Sciences*, 97(18):10101–10106, 2000

[14] Douglas E. Appelt and David J. Israel. Introduction to information extraction technology: A tutorial prepared for IJCAI-99. http://plaza.ufl.edu/hfilip/TextPro99.pdf, 1999

[15] David Arthur and Sergei Vassilvitskii. Worst-case and smoothed analysis of the ICP algorithm, with an application to the k-means method. In *Proceedings of the 47th Annual IEEE Symposium on Foundations of Computer Science*, pages 153–164, 2006

[16] Elizabeth Asmis. *Epicurus' Scientific Method*. Cornell University Press, 1984

[17] Christopher G. Atkeson, Andrew W. Moore, and Stefan Schaal. Locally weighted learning. *Artificial Intelligence Review*, 11(1-5):11–73, 1997

[18] Adelchi Azzalini and Bruno Scarpa. *Analisi dei dati e data mining*. Springer-Verlag, Milano, 2004

[19] Charles Babcock. Parallel processing mines retail data. *Computer World*, 6, 1994

[20] Stephen D. Bay. Nearest neighbor classification from multiple feature subsets. *Intelligent Data Analysis*, 3(3):191–209, 1999

[21] Stephen D. Bay and Mark Schwabacher. Mining distance-based outliers in near linear time with randomization and a simple pruning rule. In Pedro Domingos, Christos Faloutsos, Ted Senator, Hillol Kargupta, and Lise Getoor, editors, *Proceedings of the Ninth ACM SIGKDD International Conference on Knowledge Discovery and Data Mining, (KDD-03)*, pages 29–38, New York, 2003. ACM Press

[22] Thomas Bayes. An essay towards solving a problem in the doctrine of chances. *Philosophical Transactions of the Royal Society of London*, 53:370–418, 1763

[23] Robert J. Beck and Edward K. Shultz. The use of relative operating characteristic (ROC) curves in test performance evaluation. *Archives of Pathology and Laboratory Medicine*, 110(1):13–20, 1986

[24] Francesco Bergadano and Daniele Gunetti. *Inductive Logic Programming: From Machine Learning to Software Engineering*. MIT Press, Cambridge, Massachusetts, 1996

[25] James O. Berger. *Statistical Decision Theory and Bayesian Analysis*. Springer-Verlag, New York, 1985

[26] José M. Bernardo and Adrian F. M. Smith. *Bayesian Theory*. John Wiley & Sons, Chichester, 1994

[27] Tim Berners-Lee, James Hendler, and Ora Lassila. The semantic web. *Scientific American*, 284(5):34–43, 2001

[28] Michael J. A. Berry and Gordon Linoff. *Data Mining, Techniques for Marketing, Sales and Customer Support*. John Wiley & Sons, New York, June 1997

[29] Michael J. A. Berry and Gordon Linoff. *Mastering Data Mining*. Apogeo, Milano, 2002

[30] Joseph P. Bigus. *Data Mining with Neural Networks: Solving Business Problems from Application Development to Decision Support*. McGraw-Hill, Hightstown, NJ, USA, 1996

[31] Garrett Birkhoff. *Lattice Theory*, volume 25 of *American Mathematical Society Colloquium Publications*. American Mathematical Society, New York, 1940

[32] Christopher M. Bishop. *Neural Networks for Pattern Recognition*. Oxford University Press, Oxford, UK, 1995

[33] Avrim L. Blum and Thomas Mitchell. Combining labeled and unlabeled data with co-training. In *Proceedings of the Workshop on Computational Learning Theory (COLT)*, pages 92–100. Morgan Kaufmann, 1998

[34] George Boole. *An Investigation of The Laws of Thought on which are founded the Mathematical Theories of Logic and Probabilities*. Macmillan, Londra, 1854

[35] Remco R. Bouckaert. *Bayesian Belief Networks: From Construction to Inference*. Ph.D. dissertation, Computer Science Department, University of Utrecht, 1995

[36] Remco R. Bouckaert. Bayesian network classifiers in weka. Technical Report 14/2004, Computer Science Department, University of Waikato, September 2004. http://www.cs.waikato.ac.nz/~remco/weka.bn.pdf

[37] Ronald J. Brachman and Hector J. Levesque, editors. *Readings in Knowledge Representation*. Morgan Kaufmann, San Francisco, 1995

[38] Ulf Brefeld and Tobias Scheffer. Co-EM support vector learning. In Carla E. Brodley, editor, *Proceedings of the Twenty-first International Conference on Machine Learning (ICML 2004), Banff, Alberta, Canada, July 4-8, 2004*, volume 69 of *ACM International Conference Proceeding Series*. ACM, 2004

[39] Leo Breiman. Bagging predictors. *Machine Learning*, 24(2):123–140, 1996

[40] Leo Breiman. Stacked regressions. *Machine Learning*, 24(1):49–64, 1996

[41] Leo Breiman. Pasting small votes for classification in large databases and on-line. *Machine Learning*, 36(1/2):85–103, 1999

[42] Leo Breiman. Random forests. *Machine Learning*, 45(1):5–32, 2001

[43] Leo Breiman, Jerome H. Friedman, Richard A. Olshen, and Charles J. Stone. *Classification and Regression Trees.* Wadsworth, Belmont, California, 1984

[44] Sergey Brin, Rajeev Motwani, Jeffrey D. Ullman, and Shalom Tsur. Dynamic itemset counting and implication rules for market basket data. In *Proceedings of the ACM SIGMOD International Conference on Management of Data*, volume 26,2 of *SIGMOD Record*, pages 255–264, New York, 1997. ACM Press

[45] Carla E. Brodley and Mark A. Friedl. Identifying and eliminating mislabeled training instances. In *Proceedings of the Thirteenth National Conference on Artificial Intelligence and the Eighth Innovative Applications of Artificial Intelligence Conference*, pages 799–805. AAAI Press / MIT Press, Menlo Park, California, 1996

[46] Robert Grover Brown and Patrick Y. C. Hwang. *Introduction to Random Signals and Applied Kalman Filtering.* John Wiley & Sons, New York, 2 edition, 1992

[47] Lee Brownston, Robert Farrell, Elaine Kant, and Nancy Martin. *Programming Expert Systems in OPS5: An Introduction to Rule-based Programming.* Addison-Wesley, Reading, Massachusetts, 1985

[48] Wray Buntine. Learning classification trees. *Statistics and Computing*, 2:63–73, 1992

[49] Christopher J. C. Burges. A tutorial on support vector machines for pattern recognition. *Knowledge Discovery and Data Mining*, 2:121–167, 1998

[50] Peter Cabena, Pablo Hadjnian, Rolf Stadler, Jaap Verhees, and Alessandro Zanasi. *Discovering Data Mining: From Concept to Implementation.* Prentice-Hall, Englewood Cliffs, NJ, 1997

[51] Mary Elaine Califf and Raymond J. Mooney. Relational learning of pattern-match rules for information extraction. In *Proceedings of the 6th National Conference on Artificial Intelligence (AAAI-99); Proceedings of the 11th Conference on Innovative Applications of Artificial Intelligence*, pages 328–334. AAAI Press/MIT Press, 18–22 July 1999

[52] Furio Camillo and Giorgio Tassinari. *Data mining, web mining e CRM. Metodologie, soluzioni e prospettive.* FrancoAngeli, Milano, 2002

[53] Claire Cardie. Using decision trees to improve case–based learning. In *Proceedings of the Tenth International Conference on Machine Learning*, pages 25–32. Morgan Kaufmann, 1993

[54] William B. Cavnar and John M. Trenkle. N-gram-based text categorization. In *Proceedings of SDAIR-94, 3rd Annual Symposium on Document Analysis and Information Retrieval*, pages 161–175, Las Vegas, NV, 1994

[55] Jadzia Cendrowska. PRISM: An algorithm for inducing modular rules. *International Journal of Man-Machine Studies*, 27(4):349–370, 1987

[56] Soumen Chakrabarti. *Mining the Web: Discovering Knowledge from Hypertext Data.* Morgan Kaufmann, San Francisco, 2002

[57] Eugene Charniak and Drew V. McDermott. *Introduction to Artificial Intelligence.* Addison-Wesley, Reading, Massachusetts, 1985

[58] Peter Cheeseman and John Stutz. Bayesian classification (AutoClass): Theory and results. In Fayyad et al. [96], pages 153–180

[59] Ming-Syan Chen, Jiawei Han, and Philip S. Yu. Data mining: an overview from a database perspective. *IEEE Transactions on Knowledge and Data Engineering*, 8:866–883, December 1996

[60] Kevin J. Cherkauer and Jude W. Shavlik. Growing simpler decision trees to facilitate knowledge discovery. In Evangelos Simoudis, Jia Wei Han, and Usama M. Fayyad, editors, *Proceedings of the Second International Conference on Knowledge Discovery and Data Mining (KDD-96)*, pages 315–318. AAAI Press, Menlo Park, CA, 1996

[61] John G. Cleary and Leonard E. Trigg. K*: an instance-based learner using an entropic distance measure. In *Proceeding of the 12th International Conference on Machine Learning*, pages 108–114. Morgan Kaufmann, San Francisco, CA, 1995

[62] Jacob Cohen. A coefficient of agreement for nominal scales. *Journal of Educational and Psychological Measurement*, 20:37–46, 1960

[63] William W. Cohen. Fast effective rule induction. In *Proceedings of the 12th International Conference on Machine Learning*, pages 115–123. Morgan Kaufmann, San Francisco, CA, 1995

[64] Gregory F. Cooper and Edward Herskovits. A Bayesian method for the induction of probabilistic networks from data. *Machine Learning*, 9:309, 1992

[65] Corinna Cortes and Vladimir Vapnik. Support-vector networks. *Machine Learning*, 20(3):273–297, 1995

[66] Thomas M. Cover and Peter E. Hart. Nearest neighbor pattern classification. *IEEE Transactions on Information Theory*, IT-13(1):21–7, January 1967

[67] Nello Cristianini and John Shawe-Taylor. *An Introduction to Support Vector Machines (and Other Kernel-Based Learning Methods)*. Cambridge University Press, Cambridge, United Kingdom, 2000

[68] Allen Cypher and Daniel Conrad Halbert. *Watch what I Do: Programming by Demonstration*. MIT Press, Cambridge, Massachusetts, 1993

[69] Sanjoy Dasgupta. Performance guarantees for hierarchical clustering. In *Proceedings of the 15th Annual Conference on Computational Learning Theory (COLT)*, volume 2375 of *Lecture Notes in Artificial Intelligence*, pages 351–363. Springer-Verlag, London, United Kingdom, 2002

[70] Souptik Datta, Hillol Kargupta, and Krishnamoorthy Sivakumar. Homeland defense, privacy-sensitive data mining, and random value distortion. In *Proceedings of the SIAM Workshop on Data Mining for Counter Terrorism and Security (SDM'03)*, San Francisco, CA, 2003

[71] Nicola Del Ciello, Susi Dulli, and Alberto Saccardi. *Metodi di data mining per il customer relationship management*. FrancoAngeli, Milano, 2000

[72] Gülşen Demiröz and H. Altay Güvenir. Classification by voting feature intervals. In Maarten van Someren and Gerhard Widmer, editors, *Proceedings of the 9th European Conference on Machine Learning*, volume 1224 of *LNAI*, pages 85–92, Berlin, April 24–24 1997. Springer-Verlag

[73] Luc Devroye, Lazlo Györfi, and Gábor Lugosi. *A Probabilistic Theory of Pattern Recognition*. Springer-Verlag, New York, 1996

[74] Vasant Dhar and Roger Stein. *Seven Methods for Transforming Corporate Data into Business Intelligence*. Prentice-Hall, Englewood Cliffs, NJ, 1997

[75] Joachim Diederich, Jörg Kindermann, Edda Leopold, and Gerhard Paass. Authorship attribution with support vector machines. *Applied Intelligence*, 19(1/2):109–123, 2003

[76] Thomas G. Dietterich. An experimental comparison of three methods for constructing ensembles of decision trees: bagging, boosting, and randomization. *Machine Learning*, 40(2):1, 2000

[77] Thomas G. Dietterich and Ghulum Bakiri. Solving multiclass learning problems via error-correcting output codes. *Journal of Artificial Intelligence Research*, 2:263–286, 1995

[78] Petrus Domingos. Knowledge acquisition from examples via multiple models. In *Proceedings of the 14th International Conference on Machine Learning*, pages 98–106. Morgan Kaufmann, San Francisco, CA, 1997

[79] Petrus Domingos. Metacost: A general method for making classifiers cost-sensitive. In Usama M. Fayyad, S. Chaudhuri, and D. Madigan, editors, *Proceedings of the Fifth ACM SIGKDD International Conference on Knowledge discovery and data mining*, pages 155–164. ACM Press New York, NY, 1999

[80] James Dougherty, Ron Kohavi, and Mehran Sahami. Supervised and unsupervised discretization of continuous features. In *Proceedings of the 12th International Conference on Machine Learning*, pages 194–202. Morgan Kaufmann, 1995

[81] Harris Drucker. Improving regressors using boosting techniques. In Douglas H. Fisher, editor, *Proceedings of the Fourteenth International Conference on Machine Learning (ICML 1997), Nashville, Tennessee, USA, July 8-12, 1997*, pages 107–115. Morgan Kaufmann, San Francisco, CA, 1997

[82] Chris Drummond and Robert C. Holte. Explicitly representing expected cost: an alternative to ROC representation. In Raghu Ramakrishnan, Sal Stolfo, Roberto Bayardo, and Ismail Parsa, editors, *Proceedinmgs of the 6th ACM SIGKDD International Conference on Knowledge Discovery and Data Mining (KDD-00)*, pages 198–207, NY, August 20–23 2000. ACM Press, New York

[83] Richard O. Duda and Peter E. Hart. *Pattern Classification and Scene Analysis*. John Wiley & Sons, New York, 1973

[84] Susi Dulli, Sara Furini, and Edmondo Peron. *Teoria ed esercizi di data warehouse*. Progetto, Padova, seconda ed., 2008

[85] Susi Dulli, Paola Polpettini, and Massimiliano Trotta. *Text mining: teoria e applicazioni*. FrancoAngeli, Milano, 2004

[86] Susan T. Dumais, John Platt, David Heckerman, and Mehran Sahami. Inductive learning algorithms and representations for text categorization. In
Georges Gardarin, James C. French, Niki Pissinou, Kia Makki, and Luc Bou-
ganim, editors, *Proceedings of CIKM-98, 7th ACM International Conference
on Information and Knowledge Management*, pages 148–155, Bethesda, MD,
1998. ACM Press, New York

[87] Bradley Efron and Robert J. Tibshirani. *An Introduction to the Bootstrap*,
volume 57 of *Monographs on Statistics & Applied Probability*. Chapmann &
Hall, November 1993

[88] James P. Egan. *Signal Detection Theory and ROC-analysis*. Academic Press,
New York, 1975

[89] Floriana Esposito, Donato Malerba, and Giovanni Semeraro. A comparative-
analysis of methods for pruning decision trees. *IEEE Transactions on
Pattern Analysis and Machine Intelligence*, 19(5):476–491, 1997

[90] Martin Ester, Hans-Peter Kriegel, Jörg Sander, and Xiaowei Xu. A density-
based algorithm for discovering clusters in large spatial databases with noise.
In Evangelos Simoudis, Jia Wei Han, and Usama M. Fayyad, editors, *Proceedings of the Second International Conference on Knowledge Discovery and
Data Mining (KDD-96)*, pages 226–231. AAAI Press, 1996

[91] Brian Everitt. *Cluster Analysis*. Number 11 in Social Science Research Council Reviews of Current Research. Heinemann Educational Books, London,
1974

[92] Luigi Fabbris. *Statistica multivariata. Analisi esplorativa dei dati*. McGraw-
Hill, Milano, 1997

[93] Christos Faloutsos, M. Ranganathan, and Yannis Manolopoulos. Fast subsequence matching in time-series databases. In *Proceedings of ACM SIGMOD*,
pages 419–429, Minneapolis, MN, New York, 1994

[94] Usama M. Fayyad and Keki B. Irani. Multi-interval discretization of
continuous-valued attributes for classification learning. In *Proceedings of
the 13th International Joint Conference in Artificial Intelligence*, pages
1022–1027. Morgan Kaufmann, 1993

[95] Usama M. Fayyad, Gregory Piatetsky-Shapiro, and Padhraic Smyth. From
data mining to knowledge discovery: An overview. In Fayyad et al. [96],
Menlo Park, CA, pages 1–34

[96] Usama M. Fayyad, Gregory Piatetsky-Shapiro, Padhraic Smyth, and Ra-
masamy Uthurusamy. *Advances in Knowledge Discovery and Data Mining*.
MIT Press, Menlo Park, CA, 1996

[97] Usama M. Fayyad and Padhraic Smyth. From massive data sets to science catalogs: applications and challenges. In Jon R. Kettenring and Da-
ryl Pregibon, editors, *Proceedings of the Workshop on Massive Data Sets*,
Washington, DC, 7–8 July 1995. National Research Council

[98] Douglas H. Fisher. Knowledge acquisition via incremental conceptual
clustering. *Machine Learning*, 2(2):139–172, 1987

[99] Ronald A. Fisher. The use of multiple measurements in taxonomic problems.
Annals of Eugenics, 7(2):179–188, 1936

[100] Ronald A. Fisher. The use of multiple measurements in taxonomic problems. *Annals of Eugenics*, 7(II):179–188, 1936

[101] Ronald A. Fisher. *Statistical Methods for Research Workers*. Hafner, New York, 13 edition, 1958

[102] Evelyn Fix and Joseph L. Hodges. Discriminatory analysis – nonparametric discrimination: Consistency properties. Technical Report Project 21-49-004, Report No. 4, 261–279, US Air Force School of Aviation Medicine, Randolph Field, Texas, 1951

[103] Peter A. Flach and Nicolas Lachiche. Confirmation-guided discovery of first-order rules with tertius. *Machine Learning*, 42(1/2):61–95, 2001

[104] Roger Fletcher. *Practical Methods of Optimization*. John Wiley & Sons, New York, 1987

[105] Dmitriy Fradkin and David Madigan. Experiments with random projections for machine learning. In Pedro Domingos, Christos Faloutsos, Ted Senator, Hillol Kargupta, and Lise Getoor, editors, *Proceedings of the ninth ACM SI-GKDD International Conference on Knowledge Discovery and Data Mining (KDD-03)*, pages 517–522, New York, August 24–27 2003. ACM Press

[106] Eibe Frank. *Pruning Decision Trees and Lists*. Ph.D. dissertation, Department of Computer Science, University of Waikato, New Zealand, April 2000

[107] Eibe Frank and Mark Hall. A simple approach to ordinal classification. In *Machine Learning: ECML 2001, 12th European Conference on Machine Learning, Freiburg, Germany, September 5-7, 2001, Proceedings*, volume 2167 of *Lecture Notes in Artificial Intelligence*, pages 145–156. Springer-Verlag, London, United Kingdon, 2001

[108] Eibe Frank and Ian H. Witten. Generating accurate rule sets without global optimization. In Jude W. Shavlik, editor, *Proceedings of the Fifteen-th International Conference on Machine Learning (ICML 1998), Madison, Wisconson, USA, July 24-27, 1998*, pages 144–151. Morgan Kaufmann, 1998

[109] Paolo Giudici. *Data mining. Metodi statistici per le applicazioni aziendali*. McGraw-Hill, Milano, September 2001

[110] Mohinder S. Grewal and Angus. P. Andrews. *Kalman Filtering: Theory and Practice*. Prentice-Hall, Englewood Cliffs, NJ, 1993

[111] David J. Hand, Heikki Mannila, and Padhraic Smyth. *Principles of Data Mining*. MIT Press, Cambridge, Massachusetts, August 2001

[112] James A. Hanley and Barbara J. McNeil. The meaning and use of the area under a receiver operating characteristic (roc) curve. *Radiology*, 143(1):29–36, 1982

[113] John A. Hartigan. *Clustering Algorithms*. Wiley series in probability and mathematical statistics. John Wiley & Sons, New York, 1975

[114] Gareth Herschel. Magic quadrant for customer data-mining applications. Technical Report Core Research Note G00158953, Gartner RAS, July 2008. http://mediaproducts.gartner.com/reprints/sas/vol5/article3/article3.html

[115] Andrew Hodges. *Alan Turing: The Enigma*. Simon & Schuster, New York, 1983

[116] William H. Inmon. *Building the Data Warehouse*. John Wiley & Sons, New York, quarta edition, 2005

[117] O. L. R. Jacobs. *Introduction to Control Theory*. Oxford University Press, Oxford, 1993

[118] Rudolf E. Kalman. A new approach to linear filtering and predictive problems. *Transactions ASME, Journal of basic engineering*, (82):34–45, 1960

[119] Leonard Kaufman and Peter J. Rousseeuw. *Finding Groups in Data: An Introduction to Cluster Analysis*. John Wiley & Sons, New York, March 1990

[120] Michael J. Kearns and Yishay Mansour. A fast, bottom-up decision tree pruning algorithm with near-optimal generalization. In Jude W. Shavlik, editor, *Proceedings of the Fifteenth International Conference on Machine Learning (ICML 1998), Madison, Wisconson, USA, July 24-27, 1998*, pages 269–277. Morgan Kaufmann, 1998

[121] Eammon Keogh, C. Blake, and Chris J. Merz. UCI Repository of Machine Learning Databases, www.ics.uci.edu/~mlearn/mlrepository.html, 1998

[122] Sang-Wook Kim, Sanghyun Park, and Wesley W. Chu. Efficient processing of similarity search under time warping in sequence databases: an index-based approach. *Information Systems*, 29(5):405–420, 2004

[123] Ralph Kimball and Margy Ross. *The Data Warehouse Toolkit: The Complete Guide to Dimensional Modeling*. John Wiley & Sons, New York, seconda ed., 2002

[124] Daphne Koller and Mehran Sahami. Hierarchically classifying documents using very few words. In Douglas H. Fisher, editor, *Proceedings of the Fourteenth International Conference on Machine Learning*, pages 170–178, Nashville, US, 1997. Morgan Kaufmann Publishers, San Francisco, CA

[125] Miroslav Kubat, Robert C. Holte, and Stan Matwin. Machine learning for the detection of oil spills in satellite radar images. *Machine Learning*, 30(2):195–215, 1998

[126] Terran Lane. Position paper: Extensions of ROC analysis to multi-class domains. In *Proceedings of the ICML-2000 Workshop on Cost-Sensitive Learning*, 2000

[127] Peter. S. Maybeck. Stochastic models, estimation and control (vol. 1). *Academic Press*, 1979

[128] John Mingers. An empirical comparison of pruning methods for decision tree induction. *Machine Learning*, 4:227–243, 1989

[129] Allen Newell and Herbert A. Simon. *Human Problem Solving*. Prentice-Hall, Englewood Cliffs, NJ, 1972

[130] Nils J. Nilsson. *Artificial Intelligence: A New Synthesis*. Morgan Kaufmann, San Francisco, 1998

[131] Alan V. Oppenheim and Ronald W. Schafer. *Digital Signal Processing.* Prentice-Hall, Englewood Cliffs, NJ, 1975

[132] Douglas O'Shaughnessy. Improving analysis techniques for automatic speech recognition. In *Proceedings of the 45th IEEE Midwest Symposium on Circuits and Systems*, volume 45, 2002

[133] Giuseppe Peano and Luis Couturat. *Carteggio (1896-1914).* Leo S. Olschki Editore, Firenze, 2005

[134] William R. Pearson and David J. Lipman. Improved tools for biological sequence comparison. *Proceedings of the National Academy of Sciences (USA)*, 85(8):2444–2448, 1988

[135] John R. Quinlan. Simplifying decision trees. *International Journal of Man-Machine Studies*, 27(3):221–234, 1987

[136] John R. Quinlan. *C4.5: Programs for Machine Learning.* Morgan Kaufmann, San Francisco, 1992

[137] John R. Quinlan. Improved use of continuous attributes in C4.5. *Journal of Artificial Intelligence Research*, 4:77–90, 1996

[138] Marco Ramoni, Paola Sebastiani, and Isaac S. Kohane. Cluster analysis of gene expression dynamics. *Proceedings of the National Academy of Sciences*, 99(14):9121–9126, 2002

[139] Stuart Russell and Peter Norvig. *Artificial Intelligence: A Modern Approach.* Prentice-Hall, Englewood Cliffs, NJ, 2003

[140] Manfred Schroeder. *Fractals, Chaos, Power Laws: Minutes from an Infinite Paradise.* W.H. Freeman, New York, 1991

[141] Robert R. Sokal and Charles D. Michener. A statistical method for evaluating systematic relationships. *University of Kansas Scientific Bulletin*, 38:1409–1438, 1958

[142] Andreas S. Spanias and Frederick H. Wu. Speech coding and speech recognition technologies: a review. In *Proceedings of the 1991 IEEE International Sympoisum on Circuits and Systems*, volume 1, pages 572–577, 1991

[143] Helmuth Späth. *Cluster Analysis Algoritms for Data Reduction and Classification of Objects*, volume 4 of *Computers and Their Application.* Ellis Horwood Publishers, Chichester, 1980

[144] Pang-Ning Tan, Michael Steinbach, and Vipin Kumar. *Introduction to Data Mining.* Addison-Wesley, Reading, Massachusetts, 2005

[145] David S. Touretzky. *Common Lisp. Un'introduzione graduale all'elaborazione simbolica.* Zanichelli, Bologna, 1991

[146] John W. Tukey. *Exploratory Data Analysis.* Addison-Wesley, Reading, Massachusetts, 1977

[147] Paul M. B. Vitányi and Ming Li. Minimum description length induction, Bayesianism, and Kolmogorov complexity. *IEEE Transactions on Information Theory*, 46(2):446–464 27 January 2000.

[148] Wei Wang, Jiong Yang, and Richard R. Muntz. STING: A statistical information grid approach to spatial data mining. In Matthias Jarke, Michael J. Carey, Klaus R. Dittrich, Frederick H. Lochovsky, Pericles Loucopoulos, and Manfred A. Jeusfeld, editors, *Proceedings of the Twenty-third International Conference on Very Large Data Bases, Athens, Greece, 26–29 August 1997*, pages 186–195. Morgan Kaufmann, 1997

[149] Greg Welch and Gary Bishop. An introduction to the Kalman filter. Technical Report TR 95-041, University of North Carolina at Chapel Hill, Department of Computer Science, Chapel Hill, NC 27599-3175, 1995

[150] Stuart N. Wrigley. Speech recognition by dynamic time warping. *University of Sheffield*, 1998. http://www.dcs.shef.ac.uk/~stu/com326

[151] Katsutoshi Yada, Yukinobu Hamuro, Naoki Katoh, and Kazuhiro Kishiya. The future direction of new computing environment for exabyte data in the business world. In *2005 Symposium on Applications and the Internet Workshops (SAINT 2005 Workshops)*, pages 316–319. IEEE Computer Society, 2005

[152] Byoung-Kee Yi and Christos Faloutsos. Fast time sequence indexing for arbitrary L_p norms. In *Proceedings of the 26th International Conference on Very Large Databases*, pages 385–394, 2000

[153] Tian Zhang, Raghu Ramakrishnan, and Miron Livny. BIRCH: an efficient data clustering method for very large databases. In H. V. Jagadish and Inderpal Singh Mumick, editors, *Proceedings of ACM-SIGMOD International Conference of Management of Data*, pages 103–114. ACM Press, New York, 1996

Indice analitico

Collana Unitext - La Matematica per il 3+2

a cura di

A. Quarteroni (Editor-in-Chief)
P. Biscari
C. Ciliberto
G. Rinaldi
W.J. Runggaldier

Volumi pubblicati. A partire dal 2004, i volumi della serie sono contrassegnati da un numero di identificazione. I volumi indicati in grigio si riferiscono a edizioni non più in commercio

A. Bernasconi, B. Codenotti
Introduzione alla complessità computazionale
1998, X+260 pp. ISBN 88-470-0020-3

A. Bernasconi, B. Codenotti, G. Resta
Metodi matematici in complessità computazionale
1999, X+364 pp, ISBN 88-470-0060-2

E. Salinelli, F. Tomarelli
Modelli dinamici discreti
2002, XII+354 pp, ISBN 88-470-0187-0

S. Bosch
Algebra
2003, VIII+380 pp, ISBN 88-470-0221-4

S. Graffi, M. Degli Esposti
Fisica matematica discreta
2003, X+248 pp, ISBN 88-470-0212-5

S. Margarita, E. Salinelli
MultiMath - Matematica Multimediale per l'Università
2004, XX+270 pp, ISBN 88-470-0228-1

A. Quarteroni, R. Sacco, F. Saleri
Matematica numerica (2a Ed.)
2000, XIV+448 pp, ISBN 88-470-0077-7
2002, 2004 ristampa riveduta e corretta
(1a edizione 1998, ISBN 88-470-0010-6)

13. A. Quarteroni, F. Saleri
Introduzione al Calcolo Scientifico (2a Ed.)
2004, X+262 pp, ISBN 88-470-0256-7
(1a edizione 2002, ISBN 88-470-0149-8)

14. S. Salsa
Equazioni a derivate parziali - Metodi, modelli e applicazioni
2004, XII+426 pp, ISBN 88-470-0259-1

15. G. Riccardi
Calcolo differenziale ed integrale
2004, XII+314 pp, ISBN 88-470-0285-0

16. M. Impedovo
Matematica generale con il calcolatore
2005, X+526 pp, ISBN 88-470-0258-3

17. L. Formaggia, F. Saleri, A. Veneziani
Applicazioni ed esercizi di modellistica numerica
per problemi differenziali
2005, VIII+396 pp, ISBN 88-470-0257-5

18. S. Salsa, G. Verzini
Equazioni a derivate parziali - Complementi ed esercizi
2005, VIII+406 pp, ISBN 88-470-0260-5
2007, ristampa con modifiche

19. C. Canuto, A. Tabacco
Analisi Matematica I (2a Ed.)
2005, XII+448 pp, ISBN 88-470-0337-7
(1a edizione, 2003, XII+376 pp, ISBN 88-470-0220-6)

20. F. Biagini, M. Campanino
Elementi di Probabilità e Statistica
2006, XII+236 pp, ISBN 88-470-0330-X

21. S. Leonesi, C. Toffalori
    Numeri e Crittografia
    2006, VIII+178 pp, ISBN 88-470-0331-8

22. A. Quarteroni, F. Saleri
    Introduzione al Calcolo Scientifico (3a Ed.)
    2006, X+306 pp, ISBN 88-470-0480-2

23. S. Leonesi, C. Toffalori
    Un invito all'Algebra
    2006, XVII+432 pp, ISBN 88-470-0313-X

24. W.M. Baldoni, C. Ciliberto, G.M. Piacentini Cattaneo
    Aritmetica, Crittografia e Codici
    2006, XVI+518 pp, ISBN 88-470-0455-1

25. A. Quarteroni
    Modellistica numerica per problemi differenziali (3a Ed.)
    2006, XIV+452 pp, ISBN 88-470-0493-4
    (1a edizione 2000, ISBN 88-470-0108-0)
    (2a edizione 2003, ISBN 88-470-0203-6)

26. M. Abate, F. Tovena
    Curve e superfici
    2006, XIV+394 pp, ISBN 88-470-0535-3

27. L. Giuzzi
    Codici correttori
    2006, XVI+402 pp, ISBN 88-470-0539-6

28. L. Robbiano
    Algebra lineare
    2007, XVI+210 pp, ISBN 88-470-0446-2

29. E. Rosazza Gianin, C. Sgarra
    Esercizi di finanza matematica
    2007, X+184 pp, ISBN 978-88-470-0610-2

30. A. Machì
    Gruppi - Una introduzione a idee e metodi della Teoria dei Gruppi
    2007, XII+349 pp, ISBN 978-88-470-0622-5

31. Y. Biollay, A. Chaabouni, J. Stubbe
Matematica si parte!
A cura di A. Quarteroni
2007, XII+196 pp, ISBN 978-88-470-0675-1

32. M. Manetti
Topologia
2008, XII+298 pp, ISBN 978-88-470-0756-7

33. A. Pascucci
Calcolo stocastico per la finanza
2008, XVI+518 pp, ISBN 978-88-470-0600-3

34. A. Quarteroni, R. Sacco, F. Saleri
Matematica numerica, 3a Ed.
2008, XVI+510 pp, ISBN 978-88-470-0782-6

35. P. Cannarsa, T. D'Aprile
Introduzione alla teoria della misura e all'analisi funzionale
2008, XII+268 pp, ISBN 978-88-470-0701-7

36. A. Quarteroni, F. Saleri
Calcolo scientifico, 4a Ed.
2008, XIV+358 pp. ISBN 978-88-470-0837-3

37. C. Canuto, A. Tabacco
Analisi Matematica I, 3a Ed.
2008, XIV+452 pp, ISBN 978-88-470-0871-7

38. S. Gabelli
Teoria delle Equazioni e Teoria di Galois
2008, XVI+410 pp, ISBN 978-88-470-0618-8

39. A. Quarteroni
Modellistica numerica per problemi differenziali (4a Ed.)
2008, XVI+560 pp, ISBN 88-470-0841-0

40. C. Canuto, A. Tabacco
Analisi Matematica II
2008, XVI+536 pp, ISBN 978-88-470-0873-1

41. E. Salinelli, F. Tomarelli
    Modelli Dinamici Discreti
    2009, XIV + 382 pp, ISBN 978-88-470-1075-8

42. S. Salsa, F.M.G. Vegni, A. Zaretti, P. Zunino
    Invito alle equazioni a derivate parziali
    2009, XIV + 440 pp, ISBN 978-88-470-1179-3

43. S. Dulli, S. Furini, E. Peron
    Data mining
    2009, X + 178 pp, ISBN 978-88-470-1162-5

Finito di stampare: marzo 2009